芭比波朗
美麗的演繹

BOBBI BROWN
BEAUTY EVOLUTION

芭比波朗
美麗的演繹

A GUIDE TO A LIFETIME OF BEAUTY
邁向終身美麗的指南

作者 ◎ BOBBI BROWN WITH SALLY WADYKA

譯者 ◎ 蘇皇寧

太雅生活館

Life Net生活良品系列015

美麗的演繹／邁向終身美麗的指南

作者◎BOBBI BROWN WITH SALLY WADYKA／譯者◎蘇皇寧

總編輯◎張芳玲／主編◎劉育孜／編審◎馬敏桂／版面構成◎何月君

太雅生活館編輯部◎台北市111劍潭路13號2樓◎TEL:(02)28807556◎FAX:(02)28821026

◎E-MAIL:taiya@morningstar.com.tw◎郵政信箱：台北市郵政信箱53-1007信箱

發行人◎洪榮勵

發行所◎太雅出版有限公司◎台北市111劍潭路13號2樓

行政院新聞局局版台業字第五○○四號

印製◎知文企業(股)公司◎台中市工業區30路1號・TEL:(04)23581803

總經銷◎知己圖書股份有限公司

台北分公司◎台北市羅斯福路二段79號4樓之9◎TEL:(02)23672044◎FAX:(02)23635741

台中分公司◎台中市工業區30路1號◎TEL:(04)23595819◎FAX: (04)23595493

郵政劃撥◎15060393

戶名◎知己圖書股份有限公司

初版◎西元2004年8月1日

定價◎450／特價◎380元

(本書如有破損或缺頁，請寄回本公司發行部更換，或撥讀者服務專線04-23595819)

ISBN 986-7456-15-7
Publishes by TAIYA publishing
Co.,Ltd.
Printed in Taiwan

國家圖書館出版品預行編目資料

芭比波朗美麗的演繹：邁向終身美麗的指南
Bobbi Brown, Sally Wadyka作：蘇皇寧譯
-- 初版. --臺北市：太雅. 2004 [民93]
　面：　 公分. --（Life net生活良品系列：15）
譯自：Bobbi Brown beauty evolution ： a
guide to a lifetime of beauty
ISBN 986-7456-15-7（平裝）

1.美容 2.健康法

424　　　　　　　93012053

這本書獻給我的母親珊德拉。她的美麗進化歷程總是帶給我無限啓發。她教導我什麼是重要的，不論是在美麗話題上或是生活之中。與她共處的時光裡，我最喜歡的是當我們一起看那些老電影、一起吃爆米花的時刻。她總是誇讚我很漂亮，甚至當我正值特別彆扭的年齡時，她還教給我兩項最寶貴的人生經驗：做個善良的人，並了解任何事都是可能的。謝謝妳，媽，感謝妳一生的支持。

給我的母親珊德拉。她的美麗進化歷程總是帶給我無限啓發。

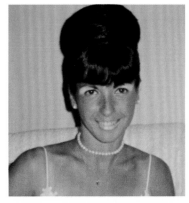

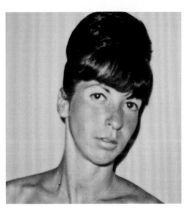

ACKNOWLEDGEMENTS

Bobbi Brown Team

Danielle Arminio, Lisa Blair, Rochelle Bloom. Gail Boye, Candice Burd, Joe Caracappa, Maureen Case, Tiffany Cavallaro, Tracy Davis, Danielle Dineen, Tara Eisenberg, Hazel Elardo, Mimi Field, Megan Fletcher, Margaux Guerard, Maria Keerd, Hollie Levy, Jessica Liebeskind, Erica Lyons, Dorothy Mancuso, Judith Maxfield, Beryl Meyer, Gabrielle Nevin, Curtis Phelps, Jessica Rosenbloom, Ellice Schwab, Bill Shaffer, Marie Clare Sillick, Barbara Stone, Sebastein Tardif, Alexis Varbero, Jillian Veran, Ralph Vestbom, Cynde Watson.

Other thanks

Julie Adams, A. Smaltz Inc. Modeling Agency, Nidhi Adhiya, Aida Angjeli, Anne Klein (Sue Furboter), Kathy Aruzzo, Emily Baker, Martha Baker, Banana Republic (Michelle Hellman and Kim Sobel), Bryan Bantry Modeling Agency, Lucia Badarida Servadio, Deborah H. Berkowitz, Carmen Bocour, Lorraine Bracco, Joanne Bronander, James Brown, Lola Brown, John Cali, Rose Cali, Susana Canario, Carol Lee Carruth, Mary Randolph Carter, Donna Cerutto, Alva Chinn, Nancy M. Clayman, Click Modeling Agency, Clotilde, Krista Cohen, Susan Cole, Gina Coleman, Carmen Dell'Orefice, Dianne DeWitt, DNA Modeling Agency, Dr. Jeanine B. Downie, Jeane S. Eddy, Nicole Eisenberg, Elite Modeling Agency, Lauren Ezersky, Bernice Feldman, Angie Feliciano, Han Feng, Frances B. Ferlauto, Claudia Ferrera, Angelique Flynn, Anne Fontaine-Patrice Keitt, Ford Modeling Agency, Dr. Bryan Forley, Susan Forristal, Allison Gandolfo, Armani Collezione, Jean Godfrey-June, Johanna Greenfield, Deirdre Guest, Lisa Hahnebach-Nevins, Betty Halbreich, Jeanette Hallen, Kym Hampton, Mona S. Hanley, Bethann Hardison, Christina Harvey, Mica Hatsushima, Mariann Higgins, Ronald Hill, Susan Hill, Grethe B. Holby, Alex Huang, ID Modeling Agency, IMG Modeling Agency, Industria Studios, Rosemary Iversen, Julie Jackson, Aisha Jafar, Lee Ann Jefferies, Cindy Joseph, Julia Joseph, Nanjoo Joung, Stacey S. Joyce, Ranjana Khan, Miriam Katigbak, Judy Kaufman, Stella Keitel, Lisa Knowlton, Harry Kong, Sylvia Krechevsky, Norma Borja Kroll, Jackie Kwon, Leslie Larson, Amy Lazarus, Betsy Lembeck, Wendy Lewis, Shirley Lord, Barbara Lubar, Colleen Lyons, Kathleen Macneill-Abruzzo, Madison Modeling Agency, Brain Magallones, Lee Heh Margolies, Deirdre Maguire, Lorraine Mattheus, Judith McGhee, Susan

McGraw, Liraz Mesilaty, Felicia Milewicz, Marek Milewicz, Sharron Miller, Christopher Morris, Mary Muggli, Denise Muggli, Cindy Muggli, Ilona Murane, Next Modeling Agency, Greta Nikiteas, Chandra North, O Magazine, Scott Ohsay, Javier Ortega, Ruth Perretti, Ruth D. Perretti, Bonnie Perretti, Dickie Plofker, Morton & Evelyn Plofker, Steven Plofker, Richard Plofker, Sandra Woodward Pullman, Q Modeling Agency, Sabrina Randall, Nikki Ray, Marisabel R. Raymond, Sandra Redrick, Erica H. Reid, Jamie Rivera, Deborah Roberts, Leah Robins, Aandre Rodman, Susanna Romano, Amy M. Rosen, Selma Rosen, Mary Beth Rosenthal, Yasmine Rossi, Colleen Kaehr Saidman, Gabriella Sanchez, Paola Saunders, Pamela Scott, Tara Segall, Anne Maria Shanahan, Anna Shillinglaw, Ruth Sigua, Audrey Smaltz, Susan G. Smith, Soho Studios, Michelle Stevens, Jean Strahan, Michael Strahan, Theresa Swabson, Cynthia Swabsin, Takashi, Dara Torres, Dorothea Towles, TSE Cashmere(Terence Charles), Mia Tyler, Justine Van der Leun, Priya Virmani, Pamela Wakefield, Saskia Webber, Heidi Weisel, Eileen Weller, Kim Whittam, Wilhelmina New York Modeling Agency, Women Modeling Agency, Yogi Berra Museum.

Special Acknowledgments
Sally Wadyka for getting my words just so.
Tara Eisenberg for doing everything effortlessly.
Cathy Lempert and Betty Ann Grund for finding such great women.
Laura Shanahan for sharing my vision.
Patricia Van der Leun for her guidance and believing in me.
Kathy Huck and Megan for their enthusiasm and direction.
Lisa Varrette for her special portraits.
Ernesto Urdaneta for his Awesome beauty shots.
Rick Burda for his beautiful stills and great candids.
Jean-Bernard Villareal for his great behind-the -scenes shots.
Especially Walter Chin for his friendship and stunning photos.

And to my family, Steven, Dylan, Dakota, and Duke, who put up with me and love and support me. And always, my dad, James Brown, who knows how much I love him.

CONTENTS 目錄

芭比的自我進化論

這本書談的是關於我們不斷地進化及逐年發生的改變，關於在人生進程中所發生的種種狀況，以及如何持續讓自己變得更好。女性－不論她們是模特兒、演員、總裁、朋友、母親、祖母，或是阿姨，都渴望同樣一件事：外表美麗，感覺開心。我知道這點，因為我花很多時間和和女性相處，聆聽她們的抱怨，她們的慾望，以及她們的夢想。

當我坐下來寫這本書時，我正值40歲至50歲的中間，但是有時候我仍不覺得自己已經是個成人。我一樣尊敬我的長輩，我一樣穿長袖毛衣好遮住我的手，（我也一樣老聽我媽說不准這樣不准那樣），我一樣聽從老爸的允許，我一樣希望別人喜歡我，希望體重可以再減輕5磅（再高4吋！），但你看看我，已經是個「大人」了。我的婚姻幸福，有3個很棒的小孩，一個家，還有成功的事業。

有時候我照鏡子，或看著相片中的自己忍不住要說：「妳真好看，美女！」有時候我看照片或我上電視的錄影帶又會覺得：「天哪！」雖然已經45歲了，我感覺自己只有30歲，可是一照鏡子又會很驚訝自己已經不是30歲了。我不是說我喜歡自己臉上的細紋或是我的輪廓（我從來不是特別喜歡自己的輪廓），我還是覺得我的胸圍比例上對我的身體來說太大了，我也從不喜歡我的手臂。好消息是我已經到達了生命中的某個階段，讓我體會到這一切都無關緊要。我就是我。我對自己的風格感到自在──典型的曲線，簡單的首飾，明亮的彩妝。最重要的是，我因擁有自然的肌膚而覺得自在，而這點，我認為，是我的祕密，也是我認識許多快樂的人的祕密。

我已經到了生命中的某個階段，讓我體會到這一切都無關緊要。我就是我。

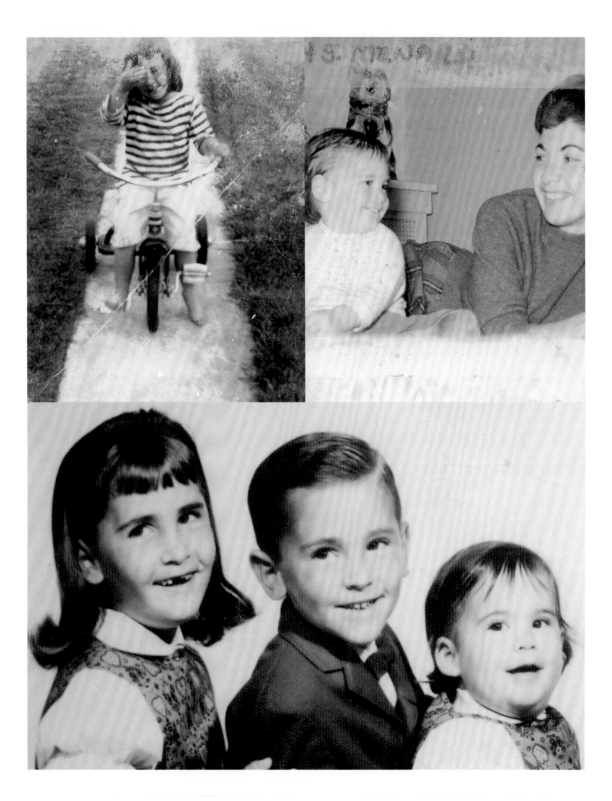

當然，也是經歷過20多年，還有許多的錯誤，才達到我現在的成就。當我20幾歲還是個年輕化妝師時，我來到紐約，在模特兒和鏡子的包圍下鎮日工作。那是段艱難的日子。不管我早上出門時覺得自己打扮得多好看，一到了攝影棚我總覺得自己不曉得哪裡不對勁。我每天嘗試搭配自己的衣服、髮型、和化妝，試著了解自己，找出自己喜歡的外型。我的轉捩點是在32歲時，當時我懷了第一個孩子，覺得自己臃腫不堪。那時我在泳裝秀中擔任化妝師，抬起頭來看到的盡是穿比基尼的超級名模如克莉斯蒂Christy Turlington、琳達Linda Evangelista、辛蒂克勞馥Cindy Crawford。我跟自己說：「別到那兒去了！」我下了一個決定，不能因為她們亮麗的外表，而覺得自己看起來很糟糕，一秒都不行。

過去這幾年來，我學會了隨遇而安。不論我是在一個重要的商務會議，服裝秀的後台，電視上，甚至在奧斯卡的晚會上，我的祕訣在於深呼吸，盡力而為，做你自己。我發覺多年以前我無法和那些名模、演員、或近乎完美的朋友們競爭，但是我知道如何運用所學讓

自己看來更美，感覺更好。這本書的目的就在於分享我的祕訣，並幫助所有的女性開始欣賞真實的自己。

我的哲學是，所有女性都有能力表現她們最好的一面。這是為什麼在書中我選擇的圖片涵蓋了各種曲線、尺寸、及各種年齡的女性（大部分都不是模特兒）。呈現最美的自己，包含了吸取知識（一些重要的祕訣和技巧），接受你所無法改變的現實，並對自己有信心。這是關於學習享受妳的生活，並對自己是誰感到滿意。

我希望每個讀了這本書的女性都能真正更喜歡自己。我們在媒體上看到的許多畫面都讓我們自慚形穢，因為我們沒有完美的身材、肌膚、髮型、或其他完美的部位。當然，有很多方式可以讓自己看來更美，感覺更開心（看完這本書你就會學到全部！），但首先你需要的是自信。美麗來自於發掘自己的特殊之處，而且不把時間花在自己不喜歡的事物上。

好消息：呈現最美的自己是這麼的簡單又容易達成。你只需要開放的心胸，一些好的建議，以及一點努力，但是你一定做得到！

XXO
Bobbi

美 麗 來 自 於 發 掘 自 己 的 特 殊 之 處 。

夢幻的美與
真實的美

妳可能已經知道了，但還是值得我再重複一遍：妳在雜誌上看到的並不是現實生活。一群專業的化妝師、髮型師、造型師、攝影師、藝術指導(接下來還有底片修圖師)一起創造一個美麗的夢幻。是的，圖片看起來很美，可是那是真的嗎？當然不是。我的意思不是說這些雜誌上的模特兒和名人不美，她們當然美，不過她們也只是凡人罷了。就像妳我一樣，她們也有黑眼圈，皮膚凹凸不平，有斑點或疤痕，頭髮亂翹，或有其他缺陷。當上述的專家們逐一精雕細琢後，結果就是一個完美的形象。她們大多數並非一走進圖片裡就是那麼的美。

當妳年紀漸長或看那些中年以上婦女的圖片，記得這點特別重要。媒體似乎不太喜歡顯示女性的年齡，所以那些沒有動過臉部整形手術的人終究還是難逃數位修圖的命運。當妳看到那些跟妳同年齡的模特兒和演員的照片，卻神奇地發現她們臉上竟然沒有妳所擁有的細紋，請記得那是因為許多人已經費心打理過，並確保妳不會看到那些紋路！

下圖可以看出修圖的過程。
左圖是修圖後的成品。

與攝影魔術師在後台揭密
讓這一行的專家向妳透露他們到底如何塑造「完美」形象。

芭比波朗
「拍照時化的妝和出門時化的妝很不一樣。雖然我用的是同樣的化妝品，但是使用的方法並不相同。我打粉底的方式會因燈光而異，攝影棚內的燈光通常很強，所以粉底必須打得比較厚，創造出沒有瑕疵的膚質。至於近距離特寫的攝影，我運用大量的遮瑕膏、粉底、

及蜜粉來掩蓋所有的瑕疵。這樣的化妝法在圖片裡看來很美，但是用在現實生活中就太虛假了。為了讓自然的光影完全顯示在一張圖片中，化妝的手法必須加重，但是要混合均勻，眼睛、嘴唇、兩頰的上色必須比其他場合的化法來得厚重。輪廓的塑造則是唯一適用於攝影化妝，而不適用於其他狀況的化妝技巧。我會運用深顏色來修正鼻子的形狀，顴骨的位置，或削尖下巴。如果有人化這樣的妝出門，會好像臉上沾了一團一團的髒污。」

費莉西亞 麥維茲，Felicia Milewicz，時尚雜誌

「攝影創造驚人的奇蹟。極少數模特兒擁有完美的膚質，但是化妝師可以在她們臉上創造出完美無瑕的畫布。化妝師等於是攝影現場的整形手術專家，而化妝與燈光的結合創造了妳在圖片上看到的夢幻。甚至，雜誌上的照片幾乎每一張都做過或多或少的修圖。我覺得這有點悲哀，因為在某種程度上，這些圖片刪去了一個人的個性。他們把一個人的生活從她臉上刪除，因為臉上的細紋就如同我們人生的地圖。地圖上呈現的是我們的快樂、悲傷、和起起落落。通常我們想到這些紋路時不見得聯想到美麗，但是它美在它是真實的，它代表了我們的情感。」

這些圖片呈現修圖後的奇蹟。

克勞蒂德Clotilde，模特兒

「最重要的就是要了解攝影師運用攝影棚的燈光，就能創造出美麗的夢幻。你把任何人放在燈光下，她就會顯得美麗。然後，當然還有修圖的運用。有時候我幫美容廣告拍照，之後當我打開雜誌一看，覺得那個人根本不是我！妳無法相信那有多美。那種照片簡直就像在製造幻覺。」

華特 秦 Walter Chin，攝影師

「對我來說，創造美麗圖片的主要因素，是一張奪人目光或有趣的臉，而不是一張美麗或毫無瑕疵的臉。化妝、髮型、和燈光這些我用來補強作品的工具，在幫助我創造最後美麗的圖片是很重要的，但是最重要的是我必須找出被拍攝者內在天賦之美，如果沒有這樣的內涵，我就無法完成一張真正美麗的圖片。」

強 若森Jon Rosen，修圖師

「相片中可以呈現的效果在現實生活中是不可能達到的，這是超越化妝的美化所能達到的效果。去除相片中的細紋及眼袋已經是大家認為理所當然的事。現在攝影專業中的超現實主義，要求更多的後製工作。有一種很常用的技巧是將不同的部位組成一張臉。先將你喜歡的眼睛拍攝下來，再拍一張你喜歡的微笑，然後把它們拼在一起，創造一張完美的臉。這種完美是誇張化的，也沒有人真的會是這種臉。」

蘿拉 沙南翰Laura Shanahan，藝術總監

「當我還是十幾歲時，我總是看流行雜誌，而且每一頁都不錯過，然後不明白為什麼所有的模特兒都可以這麼的完美。現在我知道祕密何在了：完美的燈光和修圖技巧！別誤會我，模特兒都很美，而且擁有美好的髮質和肌膚。但是她們也和我們一般人一樣，臉上會有斑點疤痕、黑眼圈，或其他瑕疵。底片通常會突顯這些瑕疵，所以當我在處理模特兒的圖片時，我很自然會請修圖師先將底片處理過，刷白黑眼圈及牙齒，清除臉上的斑點、疤痕和細毛，撫平眼睛下方突出的部分。效果很令人驚奇，就像你在這裡看到的一樣。」

美的歷程：
兩位姊妹分享她們的相簿

柏妮絲 費德曼Bernice Feldman（又叫邦妮Bunny）已經78歲了。她的妹妹塞爾瑪 若森Selma Rosen 72歲，終其一生她們都是最好的朋友。七十多年來她們一起成長，一起到各地旅行，一起慶祝美好的事物。看看她們的相簿，妳可以了解這是一段何其美好的歷程，（也將持續如此美好。）

柏妮絲和塞爾瑪今日的照片（左邊）
及1945年的照片（右邊）

邦妮和塞爾瑪對美的看法

妳覺得自己什麼時候最美？

塞爾瑪：當我生第一個孩子的時候。

妳覺得妳這個年齡最棒的事是什麼？

塞爾瑪：妳不需要讓自己看起來像只有20歲。

邦妮：我可以和我的孩子及孫子們分享我的生活。

妳這個年齡在美容上遭遇到什麼問題？

塞爾瑪：眼袋和嘴角的皺紋。

邦妮：眼角下垂和三下巴(鬆弛的下巴)。

什麼讓你感到美麗？

塞爾瑪：跟我的丈夫在一起的時候。

什麼帶給妳自信？

邦妮：當我看起來美麗，還有被朋友及家人環繞的時候。

妳覺得誰最美？

塞爾瑪：我的孩子及孫子，因為他們充滿活力，對生活投入，而且充滿了愛。

邦妮：我的妹妹塞爾瑪，因為她是個關心別人的好人。

20歲的妳

20歲到30歲以前是一個人外表最美的十年（大部分模特兒都是二十幾歲絕非巧合）。但是不論正值二十幾歲的女性們有多美，有一樣東西是她們普遍缺乏的，那就是自信。我確信有一天當妳回想妳二十幾歲的時候會說：「我真不該這麼苛求自己，我其實還蠻漂亮的！」我可以給妳的最重要忠告就是，當妳照鏡子時，請試著欣賞妳所看到的自己。自信是使一個女人真正吸引人的原因（也保證沒有人會注意到妳所謂的「瑕疵」如疤痕、斑點、或多出來的5磅），要在這樣的年齡達到如此的自覺是有點困難，因為大多數女性在二十幾歲時都面臨許多改變及不確定性。甚至，妳不見得對妳的外表覺得沒有安全感，但是妳可能會對妳目前生命的定位，及如何達到妳的人生目標沒有安全感。這十年是妳從學生身分轉變為成人的階段，是妳不再是個女孩而是個女人的階段，也是妳開始為事業奮鬥，而且可能嫁為人婦的階段。

這十年是妳從學生身分轉變為成人的階段。

在這轉變的過程當中，一部分在於發掘自己的風格，發現一個妳能愉快自處的形象。這時候的妳開始投資試著實驗不同的髮型、嘗試不同的流行風格、畫上顏色誇張的彩妝……。在此階段妳可以從這些實驗中得到樂趣，妳也應該開始思考自己是誰，妳希望別人看到怎樣的妳。這可能會受到妳的職業所支配，因為在不同的工作環境中，可被接受的外型不盡相同，所以參考妳同事的打扮也不失為一個好方法。我早期追隨的典範都是工作於流行界的造型師和女人，像是瑪莉 藍道夫 卡特Mary Randolf Carter和 瑞奇 羅蘭Ricky Lauren。我試著仿效他們古典、美麗、極簡的風格，並發現這樣的風格讓我感到自在。這會是妳初次開始了解到，妳的風格是妳朝人生目標前進的一項重要因素。我並非認同此說，但這是一項事實：人們會以妳的外表來判定妳這個人。對妳的事業而言，妳也必須塑

造一個適合妳的職業的外表。也就是說，超級流行的服飾和化妝或許適合在流行雜誌社上班時穿著，但完全不適合穿到律師事務所。（請看第23章關於面試時的化妝建議。）

現在什麼是妳需要知道的

這個階段是妳開始認真看待肌膚保養的時候。妳應該養成一些對妳的肌膚終身有幫助的好習慣，例如隨時防曬，不帶著妝上床睡覺，選擇適合妳膚質的清潔產品。概括來說，二十幾歲的保養重點在於清潔與預防。妳必須保持肌膚乾淨，毛細孔徹底清潔，以避免產生粉刺。建議妳使用含有水楊酸salicylic或乙醇酸glycolic acid的潔面乳，因為這些成分可以幫助妳每日去角質，清除毛孔的老死細胞。但是小心別使妳的肌膚過度乾燥，這是常擔心臉部有痘痘的年輕女性經常犯的錯誤。當妳嘗試去除所有的油脂，會刺激妳的腺體分泌更多油脂，結果是：皮膚乾燥脫皮，但是仍然繼續出油，長粉刺。如果皮膚覺得乾燥，請用不含油性的乳液，才不會阻塞毛細孔。（請看第13章了解更多保養祕訣。）

二十幾歲的妳也應該勤用防曬產品。不論妳已經累積了多少日曬的傷害，現在都還不會顯現在妳的臉上，但是不幸的，當妳35歲左右它們就會冒出來了。要避免更多的傷害，請開始使用防曬產品，防曬係數至少要在SPF15以上，而且每天使用，無論晴雨，無論冬天夏天。在海灘，加強保護妳的臉龐，選擇SPF30以上的防曬品，相信我，10年後當妳的肌膚沒有細紋，也沒有斑點時，妳會很慶幸妳做了防曬！

妳也應該開始投資一些主要的化妝品。粉底和遮瑕膏是兩大重點，而且是妳應該好好花錢投資的項目。口紅、指甲油、甚至眼影在藥妝店購買即可，但我不認為便宜的價格可以買到好的粉底或遮瑕膏。妳可以花1100元買一個完美的粉底，也可以花1300元買3個劣質粉底，所以，其實投資一個適合妳的粉底反而是比較划算的。而且，如果妳用的是最適合妳的粉底，至少可以用上一整年。（請看第16章，了解選擇及使用粉底及遮瑕膏的祕訣）。

芭比針對20歲的妳所建議的基本化妝配備

★**防曬乳液**：現在開始搶救妳的肌膚！妳在20歲時對肌膚造成的傷害，會在妳30歲、40歲之後開始顯現出來。

★**一款優質的潔面乳**：如果藥妝店的品牌不能徹底清潔妳的臉，請諮詢皮膚科醫師，選擇對妳來說效果比較好的潔面乳。

★**眼霜**：眼睛周圍的肌膚是最早出現老化痕跡的部位，所以請徹底滋潤並保護它。

★**遮瑕膏**：當前一天晚上太晚睡時，遮瑕膏是遮蓋黑眼圈必備的產品。

★**潤色乳液**：質地比粉底輕，可以塑造平滑的膚質，讓臉部散發自然光彩。

★**舒容粉妝條**：這是遮蓋瑕疵最好的方法。只要確定粉妝條的顏色和妳的膚色相近，否則妳反而會讓別人把注意力集中在妳所要遮蓋的部位。（請看第16章，了解逐步遮蓋瑕疵的技巧。）

20歲這個年齡最大的好處就是，我已經轉變為成熟的女人，但又可以躲回小女孩的模樣。
——茱莉雅Julia，27歲。

模特兒兼演員的米亞泰勒呈現自然風格，如右圖。
呈現較為戲劇化，帶有搖滾風的黑煙霧眼妝，如右頁。

30歲的妳

30歲到40歲之前的這段時間，是妳擔負多重任務的階段。事業、房子、家庭妳嘗試擁有全部。這是為什麼在這個階段妳常覺得累壞了：有小孩的職業婦女擔心她們沒有足夠的時間花在事業或家庭上；那些想專注於事業的女性因為延後生小孩的計畫而承受沉重的壓力，因為她們認為應該要開始把心力投注在家庭上；而且每個人都努力設法讓自己看來更美，或做更多事情。通常在妳三十出頭時，妳會驚訝地發現，那些妳在二十多歲時所做的壞事，包括熬夜、不運動、日光浴等等，真的影響到妳了。妳可能會看到臉上的第一條細紋或皮膚上的斑點，而且新陳代謝開始有點變慢。別緊張，這是老化的正常現象，並非世界末日（而且你還有很多時間可以用正確的方式好好保養自己）。

現在妳還不需要對那些小瑕疵太過在意。三十多歲的妳應該更積極地照顧自己，而且要比妳20歲時更為積極，飲食注重營養、規律地運動、確實地護膚，妳也該忽略那些妳以前以為很重要的事情。我記得我20幾歲時，我很在意我日光浴之後曬成的線條位置，這就是30歲的妳應該超越的過度執著。妳可能已經犯過所有跟塑造妳個人形象有關的錯誤，但是現在你可以多花點錢在妳認為適用的化妝品上，投資在適合妳的髮型以及適合妳的髮色上。

現在妳需要知道什麼

如果你在二十歲時沒有養成擦防曬乳液的習慣，妳現在真的應該提高警覺了。為了避免細紋、降低陽光的傷害及防止老化，妳每天都應該擦防曬係數15或30的防曬乳液。使用有防曬作用的乳液，或是在擦乳液後擦上一層防曬，反正擦就對了！這是對妳的肌膚最有幫助的一件事。妳也可以諮詢皮膚科醫師，找出可以減少細紋並使肌膚呈現光采的產品或方法，例如維他命A酸Retin-A及乙醇酸glycol-ic acid去角質霜。（請看第13章了解保養肌膚的祕訣，及第25章撫

平細紋的祕訣。）荷爾蒙分泌的變化有時會造成痘痘的產生（尤其在月經來臨前），所以你必須同時與痘痘及皺紋作戰。為了避免妳因為怕長痘痘而讓肌膚過於乾燥，請用不含油性的乳液及適合成人的溫和抗痘產品（含有水楊酸salicylic acid成分的產品比較好）。

妳 每 天 都 應 該 擦 防 曬 係 數 15 或 30 的 防 曬 油 。

「年紀漸長，
我對自己越有自信，
也更喜歡我自己。
所以我很喜歡
別人問我的年齡。」
艾莉絲Ellice，36歲。
（右圖）

至於化妝品，那些具有雙重功用的產品(例如潤色隔離乳)或是可以快速使用的產品(例如眉刷和不用照鏡子就能畫的口紅)，在妳最忙亂的這幾年中會是妳的救命法寶。妳希望所有塑造妳外型的工具都能隨時準備好，因為不論妳是為了3個小孩忙得團團轉，還是一天必須工作12小時，大部分三十幾歲女性所共同缺乏的，就是屬於自己的時間。我自己最喜歡的秘訣之一，就是把少數主要的化妝品集中在一個化妝彩盤中，包括粉妝條、腮紅霜、護唇膏，還有1至2種顏色的唇膏。如此一來，所有妳真正需要的化妝配備就都在妳的手掌之中了。

芭比針對30歲的妳所建議的基本化妝配備

★**一款好的乳液(防曬係數15以上)**：記得每天使用。如果肌膚仍然容易出油或長痘痘，選擇不含油性的產品。

★**眼霜**：妳眼睛周圍的肌膚會開始明顯變得比較乾燥，所以在使用遮瑕膏以前先擦上眼霜是很重要的。

★**遮瑕膏**

★**粉底**

★**兩款腮紅**：一款是可以自然融入妳的雙頰膚色的；一款是顏色比較亮，可以讓妳的雙頰散發光采的(請看第18章，了解選擇適當顏色的祕訣)。

★**一款自然色調的唇膏**：選擇一個適合各種場合的顏色，妳不需要看就隨時可以用。

★**裝滿必備品的化妝包**：放在妳的包包裏，妳隨時可以將它帶著走。

★**潔膚紙巾**：當妳甚至連洗臉的時間都沒有的時候，可以用來快速卸妝。

40歲的妳

這正是我現在的年齡—— 匆匆邁入40歲的中期。如果要我把目前為止的數十年做個總結，這個十年鐵定是「狗屎的十年」。這時候，妳開始明顯發現自己真的比以前老了，但好處是我比以前懂得欣賞自己的美，也不再那麼苛求，且更為實際。四十多歲的妳終究了解到，很多事是無法改變的，但在同時妳仍會設法改善自己，穿戴適合自己風格的服飾，習慣自己的化妝和髮型，發掘使自己更有自信的方式。我希望我三十幾歲時就能有此體認，但是體認永不嫌遲！

40歲的妳並不適合追著流行跑，而是該在服飾和化妝方面力求典雅，但又不至於平淡無趣。妳還是可以參考流行趨勢，然後運用在自己身上，例如，如果現在流行紫紅色唇膏，那妳可以嘗試稍淺的莓子色。而且在流行中，妳可以適度追隨，但不能太過極端。妳希望看起來是個優雅的40歲女人，而不是一個急著想變回18歲的女孩。希望妳已經找到了屬於自己的風格，不再花冤枉錢，而是更重視質感。

當妳邁入40歲時，妳需要保留更多時間給自己。一起床就能立刻變美麗，已經是比較困難的事了。妳不需要老是頂著有個性的髮型，或是全套的化妝，反而是運用一些祕訣讓妳的美可以比較持久。如果我的髮型還可以的話，我還是能夠不化妝就出門，或者在頭髮還沒乾的時候綁個馬尾就出門，但是我一定要擦上遮瑕膏、腮紅、和唇膏。有些祕訣是40歲的妳可以運用，並使妳因而看起來更有光采、更漂亮、更有魅力。運用色彩遮掩妳臉部周圍已經轉灰的髮絲，可以塑造驚人的效果；或只是用亮髮劑為頭髮增色，也可以讓妳的臉部氣色更好。但最重要的還是優質的剪髮。做個投資，並花點時間學習如何自己整理頭髮，這甚至表示妳該買一些美髮的新產品及工具，因為適當的產品和髮梳對於妳的髮型將造成全然不同的效果。

現在妳需要知道什麼

從這個階段開始，一款適合妳的乳霜特別重要。許多女性在40歲時肌膚開始變得乾燥；也是在這個階段，甚至油性肌膚也開始變得有點缺水。妳應該開始使用高滋潤的乳霜。當妳覺得特別乾燥時，在化妝之後將乳霜在雙手掌心中調勻，然後輕拍在妳的肌膚上。如此一來可以增加清新的氣息，像妳年輕時很自然就會散發的感覺一樣。隨著膚質的不同，妳可能也會開始覺得應該要多畫點妝。當我告訴別人「多畫點」時，我總是很猶豫，因為其實不見得要「多畫」，而是畫適合的妝。妳一定會開始在臉上看到泛紅的跡象，遠比妳在20歲和30歲時來得明顯，所以一款好的粉底具有舉足輕重的意義。祕訣在於使用黃色的粉底，會將妳的肌膚襯托均勻，並遮蓋泛紅的痕跡，而且看來十分自然。（請看第16章關於粉底的基本知識。）在這個年齡妳開始發覺臉部失去光采，但是妳會驚訝地發現腮紅的妙用。（請看第18章幫助妳選擇合適的顏色。）稍微強調眼部化妝也會使妳顯得更有活力。顏色不需要太深，甚至只要刷上睫毛膏，或畫上棕色眼影，就能製造令人驚奇的效果。

「我很在意我扭曲的微笑，下垂的眼瞼，頸上的疤痕。這些都是我在20歲時遭受攻擊的結果。基本上我很慶幸我活下來了，但是由於那次經驗，我不是很相信外在美。當我開懷而笑時，當我為別人帶來快樂時，當我有足夠的智慧明白我是多麼幸運時，我覺得美麗。」── 莉亞Leah，45歲（上圖）

芭比針對40歲的妳所建議的基本化妝配備

★**具防曬功效的乳液**：防止更多的日曬傷害，永不嫌遲。

★**眼霜**：這是一定要的，它可以使妳上遮瑕膏時更為容易。

★**乳液**：妳可能需要改用更具滋潤效果的產品（如果肌膚會長痘痘，請用不含油性的乳液）。

★**遮瑕膏**：喚醒眼睛的光采。

★**粉底**：可以遮蓋泛紅的痕跡，並使膚色柔和。

★**腮紅**：妳的肌膚可能已經失去自然的光澤，所以運用腮紅把它找回來。

★**眼線筆和睫毛膏**：能突顯妳的眼部神采。

★**染髮劑**：能使妳的臉色更為明亮，無論妳是局部挑染，或是全部都染，把灰色蓋住。

我覺得自己只有20歲，
年齡是一種心理狀態，
這和你外表看起來如何，
或者感覺怎樣並沒有關係，
年齡只是個數字！
──蘿蘭LAUREN, 47歲（右圖）

30

50歲的妳

50歲的意義從現在來看，絕對跟幾年前不一樣。以前50歲就被認為是老了，現在50歲甚至還算不上中年。50歲的名流證明，妳依然可以光采動人（甚至沒有整形手術的幫助），保持美好的身材，擁有性感的風格。事實上，50歲的妳還有很多時間可以塑造妳的身材，即便妳以前從來沒有時間或動機這麼做。現在開始運動、戒煙、或開始注意飲食，都不嫌晚。

換個髮型（如果妳一直留長髮，現在絕對是剪到齊肩的時候），投資在質感好的衣服上。如果妳的小孩都大了，妳會突然多出很多時間給自己。如果妳還在就業，妳也不需要像以前那樣努力往上爬。在這個階段妳可以稍微放輕鬆，並對自己目前的生活感到滿意，然後找出未來的方向。50歲的妳，不同於以往，如果妳好好照顧自己，效果是很明顯的（如果妳疏於照顧自己，結果一樣也很明顯）。

50歲的妳，不同於以往，如果妳好好照顧自己，效果是很明顯的。

妳在50歲時會發現，所有部位都開始褪色，包括妳的髮色、妳的膚色，以及妳的眉色。解決之道很簡單：就是增加色彩。我認為，只有少數髮色已經轉白或轉灰的50歲女性可以依然明亮動人。（這些人應該覺得感激！）對大多數女性來說，遮蓋灰髮將使她們看來更為年輕，更有活力。在這個年齡，不同的做法會讓妳的外表徘徊在40歲到60歲之間。（請看第21章，了解選擇髮色的祕訣，並搭配適合髮色的化妝。）

現在妳需要知道什麼

說到化妝，妳需要了解許多知識，因為妳將要為妳的臉部增加許多色彩。為了達到良好的效果，妳必須明白自己在做什麼。過度不見

得有效。我看過太多50歲的女性太過誇張，畫的妝太濃，幾乎像是她們不想看到真實的自己。在這種情況下，我建議妳徹底卸妝，好好看看鏡中的自己。看看自己臉上的優點，忽略比較「不好看」的部分，開始欣賞妳所看到的。一旦妳這麼做，妳就可以開始看妳所不喜歡的部位。看著那部位，試著想想妳可以如何改善，或者如何將注意力從那部位轉移。如果妳不喜歡妳的眼睛，那就畫濃一點的脣膏，或學著畫眼線讓眼睛更有表情。請記得，淺色系帶來明亮的效果，所以可在整個眼瞼及眉下刷上淡膚色眼影。此外，比較亮色的腮紅（但是要確定與妳的膚色搭配）會將注意力從妳眼睛周圍的細紋帶開，並增加妳臉部的光采。

芭比針對50歲的妳所建議的基本化妝配備

★**高滋潤乳霜**：讓肌膚看起來更清新，並淡化細紋。

★**霜狀粉底**：尋找更為滋潤的粉底，才不會使粉底積留在細紋縫 中，反而更引人注意。

★**腮紅**：選用亮色系腮紅，讓膚色更顯亮麗。

★**唇筆**：使唇形更為明顯，並避免唇膏顏色暈開。

★**眼線筆**：使眼部更有表情。

★**描繪眉型的眼影**：別下手太重了；如果有疑慮，就選擇比較柔和 的顏色。

★**染髮劑**：這是在這個年紀想要看來年輕的關鍵產品。

「我曾經想過我25歲時應 該是什麼模樣，40歲時 應該是什麼模樣，50歲 時又應該是什麼模樣， 一旦我到達了那個年齡 ，卻發覺完全不是想像 的那樣。實際上遠比我 的期望要好得多。」
——蘇珊Susan，50歲
（左圖）

在更年期階段及之後的日子,妳會注意到肌膚的變化。當妳的身體製造的雌性激素減少,妳的肌膚(還有妳的頭髮和指甲)漸趨乾燥,質感也更為粗糙。妳的臉部不再像年輕時那般水嫩,所以妳慣常的化妝方式需要開始讓肌膚顯得愈平滑愈好。妳可以採取分層畫法,先上一層高滋潤的乳霜,再加上一層霜狀粉底。而且妳應該選用那些另妳看來柔和的顏色。現在的妳不適合再擦棕色唇膏了,但是妳可以選擇比較精緻,帶點粉紅的棕色,帶點橘的棕色,或帶點紅的棕色,再加上粉紅或杏桃色的腮紅,讓臉部膚色充滿它所需的亮麗色彩。

50歲的妳同樣也會發覺,妳的肌膚開始失去表情,不但唇色變淡,眉毛和眼睛的線條也不再分明。如果妳以前都不曾這麼做,現在妳應該學著畫眼線和唇線。為了使妳的唇型分明,唇膏不暈開,妳應該在嘴唇周圍擦上不含油性的乳液。然後用唇筆畫出唇型,並把唇色填滿,最後再上滋潤型的粉霧唇膏。(請看第17章和第18章,了解更多塑造眼部及唇部線條的祕訣。)

60歲的妳

妳準備好了嗎？因為這十年可能是妳生命中的大豐收。這時的妳應該好好開始享受自我，並欣賞生命。極有可能，妳的孩子們都離家在外了，而妳也停止上班，所以妳有較多時間和金錢可以留給自己。妳可能也有了孫子，但這並不表示妳就有藉口可以把自己搞得像個老阿媽！還有很多方法可以讓妳的穿著、髮型、化妝都顯得年輕，但是又不顯得愚蠢。如果妳之前已經把自己保養得很好，保持身材，保護肌膚，妳有可能在這個年齡依然身心皆美。

在生命的這個階段，維持外在的美麗其實不需要做得太多，要做得少，但是做得對。有許多女性當年紀漸大，以為要花很多功夫才能讓自己更美，但通常結果發現做過頭了，像是髮型整理過度（染髮太嚴重、樣式太誇張）、妝畫太濃，或整型過度。我寧願看這些人剛洗過澡脂粉未施的模樣，因為清新的她們遠比過度打扮後的她們要美十倍。我不想說妳不應該做整形手術，因為坦白說，我也不知道我60歲時會是什麼模樣，但是我確信透過輕度整型，動點小手腳，會比每吋肌膚都經過修補後來得好看且自然。（請看第26章關於整型手術的優缺點。）我欣賞並渴望成為那種對她們年齡充滿自信，並很正面看待自己的女性。

現在妳需要知道什麼

如果妳還不打算適應白髮蒼蒼的形象，現在正是妳該好好評估合適髮色的時候。妳可能需要實驗一番，嘗試比妳所習慣的顏色要淺的髮色。當妳年歲漸長，妳的膚色也褪了，所以從前適合妳的髮色突然間對妳的膚色來說太強烈了。（請看第21章關於選擇適合髮色的建議。）同樣的情形也會發生在妳的眉毛上。60歲是眉毛明顯褪色的年齡，有些女性甚至發現眉毛一下子消失了。好處是妳不用再花很多時間拔眉毛，或修眉型；壞處是妳必須花時間畫眉毛。

「我許多女性朋友都有身心上的困擾，但是我覺得自己很健康。我一直很有活動力。我持續運動，雖然不是很頻繁，而且我有時候亂吃東西，但是我很滿意我的生活，我喜歡我在地球上的時光。」── 貝絲安Beth Ann，60歲。（左上圖）

但是小心別補充過度，拿黑色眉筆畫黑色眉毛。這是我常看到的重大錯誤。就像髮色過黑一樣，會造成太過強烈的對比。（請看17章關於畫眉的祕訣。）

在60歲的時候妳的臉特別需要滋潤，所以確保妳的化妝品都是乳霜狀的。化妝前先使用滋潤性的乳霜滋潤臉部，然後擦上非粉狀的滋潤型粉底和腮紅。妳可以再輕刷亮色的粉狀腮紅來加強（特殊情況下，妳甚至可以用高滋潤的唇膏當作腮紅。）而且當妳年老時妳的皮膚會變薄，妳會發現妳眼睛下的肌膚顏色變深了。跟平常一樣，解決之道在於選擇合適的遮瑕膏，可以刷淡並遮蓋黑眼圈（請看第16章關於化妝的細節。）同樣的遮瑕膏也可以用來蓋住老人斑。使用遮瑕刷，將遮瑕膏刷塗在斑點部位，然後輕輕把遮瑕膏均勻化開。如果需要可以再多上一點，然後再上粉底蓋過。至於似乎變薄的嘴唇，唇筆是一大幫助。別用顏色太深的唇筆或唇膏，那會看來太強烈，而且更顯老。選用可以很自然搭配妳唇色的顏色，或者，如果想要更凸顯唇部，可以用比唇膏要深一點的唇筆。先塗上唇膏，再用唇筆描上唇形。

芭比針對60歲的妳所建議的基本化妝配備

★**染髮劑**：可以使人更顯明亮（切忌暗沉）。

★**不捲的髮型**

★**護膚**：使用滋潤霜狀的潔面乳及乳霜。

★**霜狀粉底**：可以均勻皺紋，而不卡在皺紋縫裡。

★**霜狀腮紅**：確保顏色適合妳，而且可以自然融入妳的膚色。

★**遮瑕膏和遮瑕刷**：運用它們來遮蓋斑點及黑眼圈。

★**唇筆**：增加唇部清晰的輪廓。

★**唇膏**：選擇恰到好處的顏色。

「雖然我已經屬於「銀髮公民」，我依然覺得最美。雖然我年紀大了，我欣賞自己。這種體認在我年輕時並不存在。」——奧黛莉Audrey，65歲。（左頁）

70歲的妳……
及往後的妳

當我們年紀較長時，最主要的美麗祕訣就是：保持活躍。很簡單的方式，就是動！不管妳向來是運動神經很好，或是不太運動，妳需要多走路、做點重量訓練、做瑜珈，或打高爾夫……做些妳有興趣的運動就對了。我保證這會對妳的身心都有很大幫助。在此階段要對生活方式做重大改變是很難的，但是做輕微的改變還不算太遲。我在健身房看到過70多歲的女性，她們不見得有傲人的身材，但是她們看起來氣色很好。她們走路的步伐也比同齡的女性看來更為矯健，更有自信。這些女性真正對我們有所啓發。

在這個階段別放棄妳的外表。但是在這個階段，希望妳能和妳的外表和平共處。我很不喜歡看到70、80歲的女性還去做整型手術。妳的臉是妳花費數十年贏得的成果，為什麼現在要改變它？妳仍然有力量可以提升妳自己，讓自己內外皆美。妳會很詑異只是個腮紅和唇膏，就能為妳的自信加分！在妳70歲之後，妳真的不需要太多的化妝。事實上，多畫有可能效果更糟。妳還是需要色彩，但是要可以讓妳增色、美麗的色彩，而不是太強烈的色彩，因為妳自然的膚色已經逐漸褪去。如果妳還在使用妳50歲以前用的化妝色系，現在絕對該換了。妳的膚色、髮色、眉色都變了，而且妳需要新的化妝品來搭配全新的妳。

現在妳需要知道什麼

從高滋潤的乳霜開始，還有遮瑕膏、顏色稍淺的粉底、或甚至可以潤色的隔離乳、一款優質的粉紅或珊瑚色腮紅、和玫瑰色唇膏（或紅色唇膏，如果妳喜歡的話，但是請遠離深棕色系）。而且妳需要加強妳的眉毛，因為眉色會隨年齡而變淡。（請看第17章了解祕訣。）除

了畫眉毛之外，盡量保持眼妝的簡單，只需在眼瞼上一點色，讓眼睛更顯明亮（灰色或粉紫色效果都不錯）。霜狀或粉狀都可以；只要確定妳選的質地不會太油或太乾就好。如果妳戴眼鏡，妳可能不需要畫眼妝，只要刷上睫毛膏即可。

當我們年紀大了，燈光顯得格外重要，因為視力大不如前。我建議妳使用放大鏡，在日光下仔細檢查自己的臉，或許有點可怕，但是這是確認妳不希望看到細毛的地方（尤其是下巴）真的有毛冒出來的唯一方法。況且充足的光線能幫助妳確保化妝沒有問題－顏色適合妳，而且各方面都搭配合宜。

芭比針對70歲的妳所建議的基本化妝配備

★**高滋潤乳霜、油、或膏**：每日使用，甚至在沒有化妝時也該使用。

★**質地輕柔的粉底或具潤色效果的隔離乳（如果需要的話再加上遮瑕膏）**：對老年肌膚來說，厚重的粉底會看起來像戴面具一樣。

★**腮紅**：選擇霜狀質地的腮紅較易上色，再上一層亮色的粉狀腮紅使其持久。

★**唇膏**：霜狀粉霜的質地比較滋潤，也不會暈開。

★**眼影**：可運用來為眉毛上色。

「這個年齡最棒的事莫過於，我的身材適中、身體更加健康強壯，所以我可以和我的孫子們同樂。」
—泰瑞莎Theresa，70歲
（右上圖）

「我覺得我最美的時候應該是我出生時，
然後是大約47歲時，我開始任我的白髮自然存在。
我年輕的時候身材應該比較好，
但是我倒不覺得有什麼特別。」
——卡門Carmen，70歲

卡門化妝前(上圖)和化妝後(下圖及右頁)。

10845-WC-177

甘於年長：
一位101歲的美女

讓我們認識一下露西亞 塞瓦迪歐 貝達莉達博士。101歲高齡的她，依然十分活躍、熱情、美麗。塞瓦迪歐 貝達莉達博士於1900年生於義大利的安可那Ancona, Italy，1922年畢業於羅馬大學醫學院，成為外科手術醫生。1923年她遇到她的先生，同樣也是外科手術醫生，之後擁有三個女兒。1939年她們舉家遷移至摩洛哥的坦吉爾Tangier, Morocco，她在那裡執業至1980年。80歲的時候她退休了，就近搬到她女兒們所在的美國。

「我有很棒的父母和四個兄弟。他們都長得很好看，所以我常覺得我是個陪襯背景的角色。這也許是我學醫的原因，可以擁有一個完全屬於我自己的事業。我在學校成績總是很好，而且我也喜歡讀書，所以就一直讀下去。」

在我這個年紀最棒的就是美好的回憶。

「我從來不覺得自己美麗，但是年齡的增長把我變得更好。我相信101歲的我比從前美麗。甚至當我看以前的照片時，我還是覺得現在比較好看。我不太化妝，我只是上點腮紅和唇膏，不過我常用蜜粉。至於保養，我就是用杏仁油——妳用來煮飯的那種油。因為當我在法國專門生產香水的葛拉斯Grasse, France時，我看到很多人花大錢買的油就是杏仁油，所以我就只用它。」「在我這個年紀最棒的就是美好的回憶。我的生活充滿變化，直到目前為止也還是很愉快。我活得很好。我和我的女兒在一起；我仍然會飛去看看我的家人。我最棒的回憶就是當我去阿爾卑斯山玩滑翔翼時，那是我這一生做過最棒的事了。當時的風景美得不可思議，非常刺激。那時候我97歲。

慶祝！
一場美容生日宴會

與最要好的女朋友們聚在一起，然後寵愛自己，應該是慶祝60歲生日最好的方式了吧？這是我的想法，於是我在我家為蘿絲Rose舉辦了一個spa宴會。我們在客廳先上了一堂迷你瑜珈課，修指甲、按摩，然後是專業的頭髮造型和彩妝課。每個人穿著柔軟的毛巾布浴袍和脫鞋（繡上玫瑰以表對壽星蘿絲的尊敬）走來走去，吃東西、聊天、及變得美麗。宴會結束之際，我們為蘿絲高唱生日快樂歌，並穿著浴袍合照。這真的很好玩，而且把步入60歲變得像是一個女人最棒的一件事！

「每個十年應該都要慶祝一番，因為這代表一段充滿新奇經驗的歷險。」

「當我想到我快要60歲時，我覺得有點震驚。我的身體已經有了60歲的年齡，但是我的腦子感覺還在我20歲或30歲的時候。這是件好事，因為我仍覺得我什麼事都做得到。每個十年應該都要慶祝一番，因為這代表一段充滿新奇經驗和新朋友的歷險。然後當我70、80歲的時候，我認為我的生活處於去蕪存菁的狀態，就像醬汁一樣，煮到最後醬汁會逐漸收乾，把肥油和雜質瀝掉，生活就變得比較簡單。妳把雜質去除，只剩下生命中的菁華。」
——蘿絲卡利Rose Cali

左圖，壽星蘿絲卡利展現了60歲的美麗。上圖，蘿絲18歲的時候。

COME CELEBRATE
ROSE CALI'S 60TH BIRTHDAY
WITH A DAY OF BEAUTY
FRIDAY, DECEMBER 14TH
6:00 PM

HOSTED BY BOBBI BROWN

就連優奇貝拉Yogi Berra(右圖)也響應了美容活動,修起指甲來。

宴會時光:客廳的瑜珈課、各項美容活動、大量美食、繡有玫瑰的浴袍和脫鞋以示尊敬蘿絲這重要的一天。

芭比最喜愛的美容禮物——不論是送人或接受餽贈

★ 舒服的毛巾布浴袍和脫鞋

★ 薰衣草精油（泡澡時用或當香水用）

★ 具滋潤性，含有海鹽或粗糖顆粒的甦活身體去角質霜

★ 可用在唇部、手腳、或臉部的舒緩乳膏

★ 可以讓妳免費美甲、修腳指甲、按摩的禮券（可以到府服務更好）

★ 可在微波爐加熱後，為頸部、肩膀、或雙腳保暖的任何方便道具

優奇貝拉Yogi Berra和他老婆卡門的大頭照。

抗老化的良方：
透過飲食、運動、及生活方式使妳常保青春

我的美麗哲學，基本上是關於一個人該如何照顧自己。當妳年紀漸增，妳平常是否好好照顧自己，包括均衡飲食、持續運動、不抽煙、防曬，都將對妳的外表造成天壤之別。如果妳很健康，妳將擁有年輕的外表和心境。而且毫無疑問的，當妳心情好，人看起來就美麗。

兩種使妳變老的原因

抽煙。抽煙絕對是使妳老化最快的一件事。我認為抽煙也是一個人所做最笨的一件事。是的，我在大學時也抽過煙，但是我21歲就戒煙了，從此不再抽煙。抽煙的人看起來就像抽煙的人，就這麼簡單。他們的嘴唇變灰，嘴角出現皺紋，皮膚呈現煙灰色，而且身上有煙味，還有，當然的，他們可能會死於煙癮。如果妳抽煙，現在就戒煙吧。找回昔日擁有的健康和美麗，永不嫌遲。

抽煙絕對是使妳老化最快的一件事。

太陽。過多的日曬也會對妳的外表造成嚴重傷害，甚至傷害妳的健康。我不是說要妳完全避開太陽。但是，一定要徹底保護肌膚。現在我們知道許多關於臭氧層和皮膚癌蔓延的訊息。就像妳不會坐車不繫安全帶一樣，不要在太陽底下不擦防曬油。當妳出門時，塗抹防曬乳液（防曬係數15到30），如果可能的話戴帽子出門，而且流汗或游泳後要再補上防曬油。（在城市裡，至少使用防曬係數15的防曬油，在海邊則係數至少要在25以上）。妳不需要躲起來，只需要聰明一點。如果妳十分熱愛戶外活動——愛滑雪、愛沖浪、愛打高爾夫

……任何的運動，不論妳怎麼護膚，妳的皮膚還是會有明顯的影響。不過這沒關係，因為妳健康的神采可以掩蓋這些痕跡。但是妳需要額外保護妳的肌膚免於皮膚癌的威脅，但是妳應該接受妳從戶外活動得來的皺紋，並引以為傲！

飲食

我不認為要當個吃的狂熱者，但是我知道我吃得好的時候，我的感覺更好。是的，了解這點需要靠點運氣。我嘗試過所有的飲食法，從鳳梨飲食法到艾德金飲食法Atkins Diet(一種減少攝取碳水化合物的飲食法)。有時我體重減輕，有時我變胖，但是我了解到什麼對我的身體有益，什麼讓我心情愉快。這是關於發掘適合妳的飲食方式，並堅持下去。

這也是關於實際的需求。如果妳基本上飲食健康，就不需擔心偶爾來頓美食。當我旅行時，我尤其不會太過擔心飲食。在家的時候我盡量少吃白麵粉製成的食物，但相信我，如果我在法國，我當然要吃可頌當早餐；如果我在義大利，我一定不會錯過義大利麵。有時候我從旅行歸來，也多帶了幾磅回來。但是我覺得很開心，也相當值得。

這是我多年來學習到適合我的方法

盡量多攝取：

水、瘦肉蛋白質、蔬菜、糙米、全麥

盡量避免攝取：

咖啡因、白麵粉、加工食品/化學食品、酒精、糖

我的繼母蘿拉布朗Lola Brown(上圖)，運動員莎士琪雅 韋伯Saskia Webber，金漢普頓kym Hampton，黛拉托爾絲Dara Torres(右圖)。

60

飲食進化論：不同年齡所需的主要營養素

可以想見，均衡的飲食在人生的每個階段都很重要，但是有些時候某些特定的營養會對健康特別重要。

20歲時：鈣質。20歲是妳形成骨質密度的時期，而且幾乎是妳最後的機會了（在35歲以後，骨質的密度開始逐漸走下坡）。請記得每日至少攝取1,200毫克。鈣質的優良來源：脫脂牛奶、菠菜、花椰菜、奶酪、優酪乳。

30歲時：葉酸。葉酸是形成胚胎組織的主要營養素，也是想要懷孕的婦女必要的營養素。妳每天需要攝取至少0.4毫克，以防生育上的缺陷，如脊椎發育不全。葉酸的優良來源：穀類（麵食、麵粉、米飯都含有葉酸）、綠葉蔬菜、豆類。

40歲時：纖維。如果妳一向對大腸疏於照顧，現在開始也還不遲。攝取足夠的纖維（每天約需20到35克）可以確保一切正常運作，保持大腸暢通並預防癌症。纖維也可以降低膽固醇，預防心血管疾病。纖維的優良來源：所有植物——水果、蔬菜、穀類。

50歲時：鈣質。希望妳從來沒有停止攝取鈣質，但是當妳邁入更年期，妳需要好好審視妳的攝取量。更年期會使妳的雌性激素減少，進而造成骨質疏鬆。為了避免骨質疏鬆症，妳每天至少應該攝取1,000毫克的鈣質。鈣質的優良來源包括脫脂牛奶、菠菜、花椰菜、奶酪、優酪乳，還有鈣片。

60歲以上：鈣質及抗氧化劑。繼續攝取鈣質，另外，攝取抗氧化劑。抗氧化劑是像維生素C和E、β胡蘿蔔素、番茄紅素、黃酮素這類營養素，它們在妳體內的角色是預防潛在的致癌物質形成。抗氧化的飲食方式可以幫助預防癌症，並降低心血管疾病。抗氧化劑的優良來源：柑橘類及其他水果、堅果、種籽、黃色和深綠色蔬菜、番茄。

動吧！

持續運動，是妳要讓自己內外皆美所能做的最有效的一件事。我一直到大學時才開始運動，因為在我的成長階段，

「我覺得自己最美，是在我走出退休，又開始參加訓練的時候。」
——黛拉 托爾絲Dara Torres，游泳選手及奧林匹克金牌得主，34歲（下圖）

好萊塢頂尖健身專家的健身祕訣

葛瑞格 艾薩克Greg Isaacs是華納健身中心的總監，也是我見過身材最好的男性之一。他曾經幫助過無數名流恢復身材。以下是他的一些祕密。

★**健身並非精確的科學**。沒有所謂正確或錯誤的方法。妳需要找出對妳有效的方法。

★**妳必須將基本的健身要素實踐在妳的生活中：心肺功能、柔軟度、力量**。結合這三種要素，可以幫助妳保持健康，保持身體靈敏度，維持新陳代謝。

★**以心肺運動開始妳的一天**。妳每天都需要做一些運動增加妳的心跳速度，並且持續至少20分鐘。把這變成每日固定的習慣，不用思考就該去做。（就像妳每天都很自動去上班一樣，妳應該每天都固定運動。）

★**減重就像能量進出體內一般簡單**。如果妳燃燒的能量大過於妳所攝取的能量，妳的體重就會減輕。這沒有什麼神祕的，也沒有必要不吃東西，嘗試瘋狂的飲食法，或餓到自己。

★**每天活動身體**。我們的身體構造並不希望我們的活動量日趨減少，但是我們的生活方式卻愈來愈呈現這樣的趨勢。唯一的解決之道就是設法將更多活動排入妳的日常生活當中，不見得是要到健身房運動，遛狗也可以、爬樓梯、跳舞、和妳的小孩玩也都是可以選擇的活動。

★**找一項妳喜歡的運動**。很多人到健身房運動，但是卻痛恨在那裡的每一分鐘。為了讓妳對運動上癮，妳必須找到一項妳喜歡的運動。如果目前的運動不甚有趣，妳就試試別的。學習新的運動，做妳在兒童時期喜歡的活動（游泳，足球），或去上似乎很有趣的健身課。

★**忘記體重**。這不應該是妳評價妳自己的方式。重點應該在於妳的氣色如何，心情如何，還有妳的身體如何運作。

運動的多半是男孩子。我很樂於見到年輕女孩子加入足球隊，學跆拳道，這是我覺得最能為女孩子增加力量的方式。（所以如果妳有女兒的話，鼓勵她運動，並從妳自己開始。）

健身有3個基本要素是妳需要了解的：有氧運動、身體柔軟度、及肌肉的力量。我每週盡量做到3次有氧運動，不論是跑步、運用健身設備運動，或只是和我的狗一起競走。至於身體柔軟度方面，我喜歡瑜珈。我一週上兩次畢克蘭瑜珈課Bikram Yoga（在高溫及高溼度環境下進行的瑜珈課程），而且我深信重量訓練的重要性。當年紀愈大，強壯的肌肉就愈顯得重要。

足球選手莎士琪雅韋柏Saskia Webber展現了均衡健康的飲食和運動，為自己的外表所帶來的好處。

健身可能是青春之泉

柔弱的肌肉、虛弱的體力、脆弱的骨骼、及緩慢的新陳代謝，這些都是老化不可避免的現象，是嗎？錯！愈來愈多的研究專家發現，大家以為這些衰退的原因是來自老化，但真正的原因其實是缺乏運動和肌肉的疏於活動。解決之道：運動！
以下是運動的好處。

促進新陳代謝。「如果妳不用它，妳就會失去它，」這是關於肌肉的真實寫照。當妳年紀漸增，妳的肌肉力量會快速衰退。事實上，平均70歲的人如果與她在20歲時的狀況相比，她的肌肉衰減了將近40％到50％。再者，由於肌肉組織燃燒的卡路里多於脂肪，肌肉的衰減會延緩妳的新陳代謝，使體重的保持或減輕更為困難。好消息是：重量訓練可以減緩肌肉衰減，把妳失去的肌肉練回來，並促進妳的新陳代謝。

增進體力。當妳年長，肺部的呼吸道會失去延展性，進入血液中的氧氣也會減少，心臟得到的血液也隨之減少，所以妳的身體不再有能力負擔突然而來的有氧活動，像是追趕公車，或是耐力運動如連續滑雪5個小時。同樣的，答案在於運動。就像其他肌肉一樣，心臟也需要增強力量，而有氧運動維持心臟的強壯。研究顯示，70歲女性運動員的有氧容量和缺乏運動的35歲女性是一樣的。

增進平衡感。當妳40歲時,平衡感開始失去,而且還有可能隨妳的年紀增長而更趨嚴重。這是為什麼許多年長女性總是跌倒,摔成骨折或造成毀滅性的傷害。選擇一些可以集中改善平衡感的活動,例如瑜珈或太極。在家的時候,練習簡單的平衡動作,像是單腳站立30秒,然後換腳,妳可以在刷牙或洗碗的時候練習。

塑造強健骨骼。35歲以後,女性通常會失去2%到4%的骨質,更年期又會失去更多(因為雌性激素是製造骨質的主要成份)。有氧運動和重量訓練兩者不但能避免骨髓流失,還能增進骨質密度。

增加免疫力。運動提高妳的心跳率,將免疫細胞送入血液中,使其得以對抗潛在的疾病威脅。改善血液循環是規律運動的另一個好處,而良好的血液循環幫助將免疫細胞輸送至全身。研究顯示,保持運動甚至可以減少大腸癌及乳癌發生的風險。

這張照片證明了任何尺寸的人都可以過得很好:籃球選手金漢普頓Kym Hampton和我。

峽谷牧場健康
度假村的美麗假期

我和我的姊妹到麻塞諸塞州柏克夏的峽谷牧場健康度假村休息了一個禮拜,我真的很喜歡那裡,喜歡到我希望我可以搬到那裡去住。那裡的環境優美,食物健康又美味,而且我在那裡常做有氧散步、健行、參加健身課程。但是因為我們不可能真的住在健康度假村,或甚至沒有辦法去健康度假村休養,我想把他們的智慧和大家分享,尤其他們的信仰和我的信仰又非常接近:都是關於日常保健及身心健康的重要性,還有這兩者如何影響妳的外表和心情。

芭比從峽谷牧場學到最棒的祕訣

我在停留期間學了許多關於飲食、運動、及身心健康的知識。以下是我最喜歡的一些祕訣:

★**準備一個可以加水的水壺**。養成裝滿水隨身攜帶的習慣。有時候我還加點檸檬、萊姆、或一點果汁,就會有額外的味道。

★**每餐飯都吃大量沙拉**。切好的蔬菜不僅增進營養,也在妳體內填滿纖維(然後清潔妳的體內)。峽谷牧場提供最美味的無油沙拉醬,名為「噴射機燃料沙拉醬」。這是沙拉醬的食譜:

1/2茶匙鹽巴

1/2杯紅酒醋

1/4茶匙現攪黑胡椒

1匙糖

2顆大蒜剁碎

2茶匙辣椒醬

1匙黃芥茉

1匙新鮮檸檬汁

1杯水

將鹽巴和紅酒醋一起攪拌至鹽巴徹底溶解，然後將其餘材料（除了水以外）放入攪拌均勻，最後再加水攪拌，放入冰箱冷卻，最好是冰過夜再吃。

★**為日常運動加把勁！**督促自己增加心跳速率。在跑步機上嘗試間歇訓練：從高難度（上坡或加速）變換到低難度。（這是我在峽谷牧場最喜歡的課程之一。）

★**持續學習並成長。**妳的生活永遠有可以改變的地方，只要妳對新鮮的事物敞開心胸。

來自峽谷牧場的美麗祕密

★**掌握妳的髮型。**妳的頭髮並非每天都一樣，所以不要每天、每季，都用同樣的方式對待它。如果妳的頭皮在冬天時特別乾燥，考慮使用滋養頭皮的潤髮產品，為頭皮增添營養。在家的時候，將潤髮乳梳在頭髮上，等待幾分鐘讓它吸收，再用水洗淨。而且，妳的髮質由於荷爾蒙改變、懷孕、與老化相關的褪色等原因，終其一生都在不斷改變，所以妳需要根據髮質的改變而改用不同的美髮產品。

★**為皮膚去角質。**去角質使肌膚再生，讓膚質光滑，甚至有助於預防皮膚癌。選用有顆粒的磨砂膏、潔面布、或是一週使用數次甘醇酸乳霜，幫助肌膚去除老廢細胞。

★**每週幫自己做一次臉。**如果妳是一般性或油性肌膚，可以使用泥狀面膜，它會減緩油脂分泌，並使皮膚內的髒東西浮出表層，避免阻塞毛孔。乾性肌膚需要的是滋潤性的面膜。不論妳使用哪一種面膜，記得塗抹頸部，頸部也需要妳的呵護。

★**呵護妳的足部。**記得使用足部專用的美容產品，它們的質地比細緻的臉部或美體產品要來得厚重。最好的足部軟化產品是甘醇酸足部乳（更棒的是峽谷牧場提供的甘醇酸足部護理！）。

★**自製軟化肌膚磨砂膏。**混合一匙鹽或糖，及一茶匙護膚油，用其塗抹全身（不需磨擦，只需塗滿全身），然後浸入浴缸，任水將它自然洗去。如果要更享受一點，再加入一杯奶粉到浴缸裡，乳酸會讓肌膚如絲般光滑。

蘿拉希特曼Laura Hittleman，峽谷牧場健康度假村的美容總監

「美麗和身心健康是相輔相成的，兩者互為一體。我們如何將自己當做一個健全的個人照顧自己，我們吃什麼、如何面對壓力、我們的健康，都會影響我們的外表。這並非在於妳做些什麼去改變自己，好比抽脂或減緩靜脈曲張，而是在於接受妳自己，設法使自己更健康更美麗，並在外在美和內在美之間取得平衡。如果妳外在不美，妳心情當然不好。同樣的，如果妳心情不好，妳人也美不起來。我常說，大家都在找尋青春，但是我覺得這已不再是青春與否的問題了。我們盡力好好照顧自己，感覺健康，並欣賞我們所擁有的一切。」

★**創造放鬆的情境**。關上電視，把帳單和待做事項清單藏起來，點上蠟燭，告訴孩子們讓妳清靜10分鐘。甚至幾分鐘的安靜都會對妳的心理健康製造奇蹟。一個禮拜設法找一次時間寵愛自己，泡個澡或在家做個臉。

運用峽谷牧場的飲食法讓自己美麗

凱西 絲偉特博士
Kathie Swift，
峽谷牧場健康度假村
的營養總監

「我常告訴大家應該把飲食當做一個增進自然美的機會。每當妳坐下來吃飯時，就是一個可以讓自己更美，心情更好的機會，所以請好好把握！我們所謂的營養智商，意思就是了解妳所吃的食物會影響妳的內在和外在。營養在身體健康上扮演了很重要的角色，而身體健康會反映在妳的頭髮、皮膚、和指甲上。」

讓餐盤充滿色彩。一天攝取8至10份的水果和蔬菜，而且包含愈多種不同顏色愈好，像是紅番茄、綠葉蔬菜、黃節瓜、胡蘿蔔、紫色高麗菜、柑橘類水果等。水果和蔬菜富含纖維素；而且妳一定會攝取到大自然最有利的抗氧化劑，這不只能抗癌，還能保護並促進皮膚更新。

多吃穀類。全穀類像是喬麥、小米，富含滋養皮膚的維他命B。

運用蛋白質的力量。妳不需要走極端採用受歡迎（但並不健康）的高蛋白飲食，但是足夠的蛋白質對免疫系統的運作是很重要的，對頭髮、皮膚、指甲的健康同樣重要。一項基本原則：將妳的體重除以2，這就是妳每天所需的蛋白質份量。植物性蛋白質（豆類和豆腐）、魚類、瘦肉是妳的最佳選擇。

攝取健康脂肪。飲食中完全不含油脂（或者很少油脂）不見得健康，而且對妳的外表也沒有好處。飲食中缺乏足夠的脂肪可能造成肌膚乾燥易裂，或頭髮黯淡乾澀，皮膚也容易發炎。食用不飽和脂肪（如橄欖油和酪梨），堅果和種籽，奧米迦3號脂肪酸（存在於魚油和亞麻籽中）。

保持水分。水是一項容易被忘記但又對美麗和健康至為重要的營養。食用大量蔬菜水果（富含大量水分）是增加更多水分的方法。當然，多喝水，且少喝會使體內水分減少的含咖啡因或酒精飲料。如果妳的尿液清澈，表示妳的喝水量足夠；如果不清澈，那妳應該多喝水！

淨化飲食。避免食用人造的糖錠、食品添加物、和氫化油。（沒錯，妳應該仔細閱讀包裝上的食品成份，並盡量選購自然成份製造的食品。）

13 CARING FOR THE SKIN YOU'RE IN
保養妳的肌膚

我認識的女性中，只有極少數對她們的肌膚狀況感到滿意。大部分女性覺得她們的肌膚不是太乾，就是太油，或者膚色不均勻。有些女性抱怨她們會長青春痘，有些只是覺得她們的肌膚看起來顯得比較老。我很遺憾有些情況是基因遺傳的關係，而且也沒有神奇的產品可以突然改變妳與生俱來的膚質。但是怎麼做才有幫助呢？了解妳的肌膚，運用常識保養肌膚。當妳早晨醒來，仔細看看妳的肌膚需要什麼。別只是盲目使用妳昨天用過的產品，因為妳的肌膚可能比昨天乾，比昨天油，或比昨天還要疲倦。徹底掌握肌膚狀況並知道如何處理，是成功的一半。

妳的肌膚會告訴妳的訊息

當妳年紀漸長時妳的膚質會隨之改變，這已經不是祕密了。妳20歲時擁有的膚質和膚色，和妳40歲時的狀況已經完全不同，而這狀況又和妳70歲時絕對是兩個模樣。如果以每十年為一個階段，以下是每個階段的區別，以及如何在每個階段給予肌膚最適切的照顧。

20歲時。除去從妳十幾歲就開始困擾著妳的粉刺，妳的肌膚在妳20歲時是最完美的階段。這時妳的肌膚仍在製造大量膠原蛋白，有助保持肌膚的彈性、豐潤、及緊實感。**必要的保養**：一天至少洗2次臉，去除多餘的油脂，並在晚上徹底卸妝。一定要每天擦防曬乳液，預防日後的日曬傷害。

30歲時。這是肌膚開始顯現日曬傷害的階段，少數雀斑和黑斑出現，眼睛周圍也出現細紋。膠原蛋白的製造逐漸減緩，表示肌膚不再那麼充滿清新感。運動並保持體重穩定有助於肌膚保持緊實，優優飲食法(yo-yo dieting)則會影響肌膚的彈性。**必要的保養**：基本上就是保濕，不論內外皆需要。喝大量的水，睡覺時打開增溼器(尤其在氣候乾燥的環境)，滋潤肌膚，尤其是眼睛周圍更為乾燥、

皮膚又薄，又最容易老化。

40歲時。現在，那些從我們十幾歲起累積至今的環境傷害，全部都寫在我們的臉上了，更多皺紋、髒污、破裂的微血管，以及咖啡色斑點。膠原蛋白的製造趨緩，表示肌膚不再有彈性，而且開始鬆弛，看起來也不緊實了。抽煙減少氧氣輸送至臉部，會形成更多皺紋。如果妳還在抽煙，現在趕快戒煙還不遲，妳也還有機會看到肌膚的改善。**必要的保養：**現在是與皮膚科醫師建立關係的好時機，並且定時就診。同時，開始使用護膚乳液，避免肌膚受到進一步傷害，並重建膠原蛋白。

50歲時。當妳逐漸步入更年期，妳會遭遇荷爾蒙不穩定的狀況，乾燥肌膚更顯乾燥、油性肌膚更容易出油。妳絕對應該使用滋潤加倍的護膚乳液；選擇高滋潤、霜狀成份的護膚乳液，如果長痘痘則改用無油性乳液。**必要的保養：**檢查妳的斑點。這是個應該提高警覺的階段，去找妳的皮膚科醫師做年度檢查，並持續自我檢查，注意任何斑點大小或形狀的改變。

現在的臉是妳辛苦贏得的，所以要引以為傲。

60歲以上。在此階段肌膚保養基本上是一項維護性的工作。持續妳已經養成的好習慣，保持肌膚清潔及滋潤，注重防曬，定期檢查妳的斑點。**必要的保養：**對外表輕鬆以對！現在的妳不需再對每一條皺紋或斑點感到恐慌。妳可以對那些真的很困擾妳的部分有所行動，或者試著習慣它的存在。現在的臉是妳辛苦贏得的，所以要引以為傲。

芭比的貼心建議

如果妳還在抽煙，現在趕快戒煙
還不遲，妳也還有機會看到肌膚
的改善。

素顏基本款：緊貼肌膚表層、絕對不可或缺的基本保養品

潔面乳。妳必須真正使用過一款潔面乳，才能知道妳是否真的喜歡它，因為妳會喜歡一款潔面乳的原因，在於妳使用時的感覺、妳喜歡含有多少泡沫量、妳是否喜歡它的香味、還有它的包裝是否好看。我不贊成用肥皂洗臉，因為會把妳的臉榨乾。如果妳是油性肌膚，妳應該用凝膠狀潔面乳，才能徹底清潔，又不使肌膚過於乾澀。乾性肌膚應該使用霜狀潔面乳。有的是有泡沫的，有的是乳狀成分，洗淨後還能增添肌膚的潤澤感。最理想的是，妳應該準備兩款不同的潔面乳：一款是當妳的肌膚比平時要油，或需要額外清潔時使用，另一款是當妳的肌膚偏乾時使用。

化妝水。對我來說，化妝水不見得需要每日使用。如果妳的肌膚很油或是妳的妝很濃，使用化妝水可以將潔面乳尚未完全清除的髒污徹底清潔。(但是如果妳總是需要用化妝水來補潔面乳的不足，表示妳應該換一款潔面乳。好的潔面乳應該要能一次徹底清潔。)請慎選無酒精的化妝水，才不會使肌膚乾澀。如果妳的肌膚在洗完臉後感覺緊繃乾澀，那天就不需要再用化妝水。

護膚乳。我認為，這是保養肌膚最重要的步驟。當妳的肌膚沒有得到完善的滋潤，就會看來暗沉、疲倦，而且顯得比較老。最理想的方式是，妳應該準備多款護膚乳，所以妳可以依每日或每季肌膚狀況的不同，選用最適合的護膚乳。無油性的配方最適合油性或容易長痘痘的膚質使用，可以預防出油或阻塞毛細孔。高保濕乳霜真正是乳霜狀，含有油和水，而且沒有其他成份，最適合特別乾燥或敏感的膚質。介於這兩者之間的是保溼乳液，由於質地稍顯厚重，所以可以滋潤一般性肌膚，但又不會顯得油膩。

防曬乳。妳在任何時候出門時，防曬乳都是非常重要的，意思是包括妳從公車走到辦公室的途中妳也需要它。每天都擦上防曬係數15至30的防曬乳，並選擇一款在化妝前使用也很輕柔、不致影響上妝的防曬乳。如果是去滑雪或到海灘，請用防水的防曬乳(防曬係數30至50)。

眼霜。眼霜很重要，因為絕大多數隔離霜的質地不夠細緻(尤其如果又含有防曬成分)，所以無法用在眼周區域的脆弱肌膚。妳白天可以用質地較為輕柔的眼霜，之後再上遮瑕膏，當妳年紀漸增，晚間就需要質地較為滋潤的眼霜。市面上也有很多眼霜含有特殊成分，像是維他命C和K，它們宣稱有助消除黑眼圈，並能減少浮腫。這些成分或許有效，但是我還沒見識到它的神奇之處。

其他產品：選擇適合妳的美容產品

潔面紙巾。我很支持使用簡便的產品，而且潔面紙巾在那些累到懶

得卸妝的夜晚，是一項很好的選擇。我不認為每天使用是好的，但是這是睡前卸妝並清潔肌膚最快的方法。

控油乳液（只適用於油性肌膚！）。在上粉底前使用，可使肌膚不泛油光、妝效平滑。這很適合混合型肌膚，使用在T字部位（前額、鼻子、及下巴），然後在比較乾燥的部位如兩頰用隔離霜。

面膜。所有類型的肌膚都能從每週1到2次的面膜保養中受益。泥土類面膜對於清潔毛細孔很有效。保濕面膜有助於乾燥肌膚的恢復。甘醇酸面膜可以去角質，並幫助油性肌膚去除老舊細胞，有益各種類型肌膚消除細紋。妳可以在專櫃買到甘醇酸面膜，內含8%濃縮液（所以不能敷超過5分鐘，否則會刺激肌膚），或找皮膚科醫師做一次比較強效的「甘醇酸換膚」。

精華液。這是一項奢侈的產品，因為價錢比較貴，對肌膚來說也不是非常必要。這是濃縮過的漿液，提供肌膚適量的維他命C或其他滋養肌膚的營養素。如果妳每日使用，將有助於肌膚呈現緊實、光滑的質感。通常需要4個禮拜才能見效。請記得精華液是無法取代乳液的，所以在使用之後還是得再上乳霜。

面霜。
質地厚重，黏密，但不油膩，這種特別滋潤的乳液對軟化身體各部位的乾燥區域如臉、腳、手和身體都很有效，甚至可以讓頭髮柔順（擠一點在兩手手掌上，然後均勻抹在頭髮上）。

去角質工具。去除臉部的老廢細胞是很重要的，如此一來才不會阻塞毛細孔，造成肌膚長痘痘或暗沉。但是妳必須溫柔一點，別像刷鍋子一樣磨擦妳的臉部。最好是使用專為臉部去角質設計的磨砂膏（不像身體磨砂膏那麼粗糙），或者就用柔軟的潔面布輕輕磨擦臉部。把那些比較粗糙的磨砂工具，像是絲瓜布、深海海綿、黃色海綿等等，留待身體去角質時使用。

護臉油。可以鎮靜並治療乾燥甚至乾燥的肌膚。

尋找奇蹟？

市面上有各式各樣的面霜和配方，宣稱能為妳的臉創造奇蹟，例如能夠消除皺紋、使膚質豐潤，並讓膚色光滑。我認為根本就沒有奇蹟！但是我相信，這些產品可以對妳的膚色、膚質、皺紋產生些微的差別。我也是自我安慰效應的信奉者，如果妳認為這些面霜能讓妳更美，妳就會真的更美（而且對妳的外表更加滿意。）以下是一些妳平常所需要的營養成分。

果酸（AHAs）。果酸是自然存在於水果和牛奶中的酸性物質，可以幫助減緩細紋。果酸加速肌膚自然的去角質過程，進而防止因毛細孔阻塞而長痘痘，並改善老化膚質。最常用的一種果酸就是甘醇酸。

抗氧化劑。維他命C和E，β胡蘿蔔素，綠茶，葡萄籽萃取物都是抗氧化劑。它們保護皮膚免於環境傷害，有一種微分子叫做自由基，會傷害皮膚細胞，並導致皮膚過早老化。

維他命A家族。這些高效的維他命A衍生物（像是維他命A和A酸）已經證明可以抗痘並減緩老化的跡象。它們也會製造膠原蛋白使肌膚更為緊實有彈性。缺點是：它們含有刺激性（妳需要慢慢適應它）且有可能造成肌膚對陽光特別敏感。

凱內亭植物性荷爾蒙。這是一種由植物衍生的抗老化因子，有助維持肌膚平滑，保持肌膚光澤。

輔酶Q。這是一種自然存在於皮膚內的抗氧化劑，有助減緩過早老化的跡象。

銅。這是彈力蛋白組織的成分之一，有助保持肌膚的緊實和彈性。

頸部以下的護膚

皮膚是妳身體上最大的器官，遮蓋每一吋的妳，甚至那些容易被妳遺忘的部位，如腳跟、手肘，和背部。身體肌膚的保養比臉部肌膚的保養來得簡單且直接，但是一定要做到，所以別忘了頸部以下的護膚。而且，妳的身體肌膚（跟妳的臉部肌膚一樣）會隨著年齡而鬆弛。妳唯一能做的事，就是運動妳的肌肉。不幸的是，重量訓練也無法將60歲的手臂鍛鍊成30歲的手臂，但是的確會有很大幫助。

身體肌膚的保養可以用兩個字來概括：去角質和滋潤。

去角質的方法。去除老廢細胞可以避免妳的腿部和身體肌膚看起來很乾燥或均裂。在洗澡的時候使用絲瓜布、身體潔膚布、或身體磨砂膏（內含顆粒，像鹽巴、糖、或合成粒子，可以溫柔地磨去死皮），並特別注意粗糙的部位如手肘、膝蓋、和腳跟。

護膚油。當妳趕時間的時候，滋潤妳全身肌膚最簡單的方法就是使用護膚油。我在浴室都會放一瓶護膚油，當我出門前，我會倒一點在雙手上，塗抹全身，然後輕輕地用毛巾把它擦掉。我不太喜歡乾性的護膚油，因為它不太容易被吸收，所以滋潤效果不是那麼好。

身體乳液或護膚霜。兩者都有效，唯一的原則是，質地愈滋潤，效果愈好！

香氛身體乳液。我喜歡在洗完澡後擦上香氛身體乳液滋潤我的肌膚。它的香味很清淡，但是可以持續一整天，而且妳等於是一次完成兩件事（滋潤和噴香水）。有時候我會擠一點在雙手上，抹過我的頭髮，這樣頭髮上就有淡淡的香味，而且還有順髮的作用。

柯琳，42歲，教授瑜珈使她的身體保持美麗。

特殊狀況需要特殊呵護

雙腳。每個月做一次專業的足部護理,是保持腳部完美最棒的方法,但是就算如此,妳還是應該持續自己護理雙腳。在浴室裡放一個磨腳石,每天洗澡時將粗糙部位(尤其腳跟)快速磨勻。果酸乳霜也可以幫助老廢肌膚的去除。適度滋潤也可以產生很不同的效果,記得妳一洗好澡就擦乳液;睡覺時,替腳部擦上大量凡士林(在果酸乳霜外層上)。

指甲周圍肌膚。指甲周圍的肌膚很容易乾燥破皮,尤其在又冷又乾的氣候中。唯一的辦法是不斷滋潤,用護手乳液、油、凡士林,或用指甲外皮專用的乳霜按摩,滋潤指甲周圍的肌膚,可以一天擦好幾回。

手臂後側的小顆粒。這不是紅疹或痘痘,但是這些小顆粒讓許多女性大傷腦筋。我發現最有效的方法,是在洗澡時輕輕去除(甚至只要用身體潔膚布磨擦它也可以)然後擦上乳液或護膚油。

身體長痘痘。如果妳的背部或胸部會長痘痘,妳應該去看皮膚科醫師。如果長得比較頻繁,試著使用含有水楊酸的磨砂膏,有助於去除老廢肌膚,避免阻塞毛細孔,並控制油脂分泌。

老人斑或膚色異常。持續使用果酸乳液可以淡化肌膚上的黑斑。妳也可以用粉底和遮瑕膏來遮蓋它。(請看第16章的祕訣。)如果妳想徹底去除斑點,妳可以嘗試化學脫皮或雷射換膚。(請看第25章的介紹。)

靜脈曲張。這常發生在臉部和腿部,起因於靠近皮膚表層的小部分血管膨漲破裂。初期這對身體沒有什麼傷害,也不會疼痛,只是不好看。如果妳覺得困擾,想去除它,最好的方法就是進行硬化治療。療程中將注射生理食鹽水至血管中,破壞血管使其成為疤狀組織,然後被身體吸收。另一個方法是雷射手術,是否使用雷射完全

視情況的嚴重性而定，雷射可以摧毀血管，但不幸的，這兩種方式都不能防止靜脈曲張再度發生。

橘皮組織。雖然製造廠商一直希望妳相信，某些乳霜可以真正將橘皮組織消除，但是結果其實剛好相反。這些囤積在臀部和大腿的脂肪，唯有透過運動和飲食才能有效控制（但是有些女性由於基因的遺傳，做什麼都沒有幫助）。而且，妳可以從這些抗橘皮組織產品所期待的最好效果，也只是皮膚表面暫時性顯得平滑。

除毛

有很多方式可以把不該長的毛給去除，而且妳的選擇完全在於個人的偏好。好笑的是，當妳年長，那些妳不希望長毛的地方反而更容易長毛，例如妳的下巴或臉部兩側。我個人最喜歡的除毛方法是剃毛（最便宜、最快速、也最方便）和蜜蠟除毛（適用於剃刀無法處理的部位）。以下是各種除毛方法的優缺點分析。

剃毛。沒有其他方法可以比剃毛更方便的了。在妳洗澡的時候讓剃刀滑過妳的雙腿或腋下，就大功告成了。重點在於妳開始剃毛之前，請先確定妳要剃的部位皮膚有足夠的滋潤。妳可以先用乳霜香皂洗過，再抹上剃毛用的泡沫霜。我覺得一把好的男士刮鬍刀是最好用的（拋棄式刮鬍刀在緊急時也可以，但是效果不是那麼好）。為了避免爭吵，請不要用妳男朋友或妳丈夫的刮鬍刀！如果妳不得不用，至少用後把刀片換掉。刮鬍刀最適合用在腿部、腳指頭、腳部、或腋下。千萬別用來刮妳的臉部。

蜜蠟除毛。沒錯，這方法很痛，但是快速又可持續好幾個星期，效果也最好。尤其是比基尼部位最適用，因為用剃的很容易刺激皮膚。缺點是妳在下次使用前，必須先讓毛長到一定程度（這是為什麼我不喜歡在腿部使用這個方法的原因）。比基尼部位比較難處理，所以我建議讓專家為妳服務。現在正流行的巴西比基尼蜜蠟除毛，是一種比較極端的除毛法，幾乎把那個部位所有的毛都去掉了（好痛！）妳可以在家自己做小型的蜜蠟除毛，例如嘴唇上方。有好幾種

可以在家做的方法：一種是可以用微波爐加熱（很方便），一種是塊狀的，妳可以用平底鍋加熱，或不需加熱的貼紙式蜜蠟（到藥妝店和美容專賣店看看不同的產品）。如果妳決定自己做，請小心：別在加熱蜜蠟時離開屋子，使用前先在手腕上試試會不會太燙。使用後用輕輕撲上嬰兒爽身粉。貼上蜜蠟時請順著毛髮生長的方向貼，撕下時則是反方向撕，而且動作要快，就像妳撕繃帶一樣。然後塗抹可以鎮靜肌膚並防止發炎的乳膏。如果毛髮向皮膚內生長（在妳處理比基尼部位時普遍會發生的狀況），別拔它，不然很容易發炎。嘗試使用專門治療毛髮內長的Tend Skin乳膏（藥妝店和美容專賣店有賣）或在洗澡時用身體潔膚布輕輕按摩就會脫落。這方法最適用於比基尼部位及嘴唇上方。

雷射除毛。低能量的雷射可用來處理大片區域的毛囊。雷射能量進入毛囊後立即使它無法運作。至於需要進行幾次雷射，決定於妳想要處理的部位面積有多大，毛髮密度多高。這個方式不能保證毛髮不再長出來，但是可以有效抑制毛髮生長。最適用於膚色較淺，毛髮色深的女性（雷射會影響深色肌膚的顏色）。

脫毛乳膏。我覺得這方法如果規律使用，會弄得有點亂也有點臭。但是當妳沒有時間使用蜜蠟除毛時，這個方法是可以勉強備用的。最適用於嘴唇上方及比基尼部位。

鑷子拔毛。這個方法對修整眉型和去除老年長在下巴的紅色細毛最有效。（請看第17章修眉的祕訣。）最適合小區域或單根毛髮使用。

電解除毛。這是唯一可以達到永久效果的除毛法，但是這麼好的效果得來不易，也不是毫無痛苦的。以嘴唇上方的毛髮來說，妳可能需要花上好幾年的時間定期就診，不但所費不貲，也很花時間。最適用於較小區域如嘴唇上方及臉部兩側。

為了避免爭吵，請不要用妳男朋友或妳丈夫的刮鬍刀！

妳的化妝箱：
刷子、海綿、及其他

就像其他工作一樣，工欲善其事，必先利其器，對化妝而言，表示
妳需要各類型的刷子、海綿、和粉撲，幫助妳畫個毫無瑕疵、完美
的妝。妳不需要花大錢為臉部的每個部位都買不同的刷子，但是至
少擁有幾把好刷子，就能達到神奇的功效。即便是化妝極簡主義
者，也應該投資幾項主要工具，對於想要一個完整化妝箱的女性，
則還有一些其他工具可以選擇。

主要的刷子

要分辨刷子的好壞是很容易的。刷毛在肌膚上的感覺應該是柔軟
的，不會覺得粗糙或刺刺的。不論刷毛是用自然或合成原料製作
的，觸感都同樣重要。唇刷或遮瑕刷的刷毛應該比較硬，才能塗抹
質地厚重、霜狀的產品，合成原料製作的刷毛會是最好的選擇。眼
影刷、腮紅刷、和蜜粉刷就必須柔軟蓬鬆，才能均勻刷遍肌膚。當
妳購買專為各個部位設計的刷子時，記得在那個部位試刷，確定感
覺是對的。妳也應該測試刷毛的韌性：將手指滑過刷毛，確定刷毛
不會掉落在手上。然後試著使用看看妳覺得順不順手，刷把握在手
中應該要覺得舒服。如果刷把太長且使用起來覺得笨重，可以換把
比較短的。

通常，化妝師使用的刷子系列是品質最好的，而且貴得很值得。如
果妳負擔得起，妳會發現好刷子對妳的妝效大有幫助，且非常易於
使用。不過妳如果到藥妝店、美容用品專賣店、或甚至美術用品
店，也可能花比較少的錢就可以買到好刷子。當然啦，在美術用品
店沒有人會跟妳說，「這是一把很棒的眼影刷。」所以妳得先做功
課，了解那些昂貴的刷子；然後到比較便宜的店去找同樣的刷子。
如果妳買的刷子並未標示它的用途，妳可以自己標在刷把上。例如

在眼線刷上貼上一小塊白色膠帶，寫上「眼線刷」。

一套優質的刷具組，如果經過妥善的保養，可以使用很長一段時間。一項基本原則是，大約每3至5個月妳就該清潔一次妳的刷組。而如何清潔遠比妳清潔的次數來得重要。請用溫和的肥皂清潔它，例如嬰兒肥皂、嬰兒洗髮精、或布榮妮博士Dr. Bonner液體肥皂。（含有酒精的刷子清潔液會使刷毛乾澀。）別把刷子浸泡在肥皂水中，因為泡太久刷子會散掉。正確的方式，是將液體肥皂擠在妳的手掌上，然後把刷子沾濕，在妳手掌上畫圈圈。力道輕點，即便是最好的刷子也是脆弱的。當所有刷毛都起泡沫，就可以用水沖乾淨了。重點是妳必須徹底清除肥皂泡沫，（這是為什麼嬰兒洗髮精那麼好，因為它的用量不多，不會產生大量泡沫，但是容易洗乾淨）。不論妳用什麼肥皂，一定會留下一點香味，所以乾脆買妳喜歡的味道。刷子洗淨後，用紙巾或乾淨的毛巾將水份吸乾，然後將刷子放在平台上任刷毛垂在平台外，再用吹風機吹乾。刷毛不應碰到其他物品，不然它們會聞起來有霉味，或變成可笑的形狀，例如刷毛都彎向同一邊。

芭比必備的三把刷子

1. **腮紅刷**：把腮紅盒裡的那把腮紅刷丟了吧。我從來沒看過腮紅盒裡附的腮紅刷是好的。那種刷子通常又短又窄，可是你需要的是又圓又寬的那種，才能涵蓋雙頰的蘋果部位(但又不是像蜜粉刷那麼寬到超出蘋果部位)。

2. **眼線刷**：眼線刷的選擇很多種。我最喜歡的是又扁又平那種(刷毛是直的或有點圓的)。這種刷子讓你畫出的線條不會太細或太寬，乾濕兩種眼影都適用，也可以用來畫上下眼瞼。細尖型的刷子是最小的一種眼線刷，可以在你的上眼瞼塑造很細緻的線條。刷毛呈對角斜切型的刷子比較粗，適用於塑造暈染的眼線效果。

3. **眼影刷**：這種刷子應該要柔軟蓬鬆，當接觸到眼瞼時應該能輕易刷開。大小要能夠涵蓋妳眼瞼四分之一的區域，但是又不能太大，才方便控制眼影所畫的位置。

其他刷子（如果有的話會很有幫助）

★**眉刷**：這種刷子並非必要，但是當你年紀漸長它會越顯得重要，因為你需要用它來畫出眉型，加深眉毛。一把好的眉刷應該是斜的，刷毛應該是硬的而且有點刺刺的。用眉刷沾眼影來畫出眉型（千萬別用眉刷做別的用途；因為它太硬了會傷到皮膚）。

★**蜜粉刷**：我認為絲絨粉撲事實上是上蜜粉最好的工具，因為它有助於均勻上粉。妳可以用粉撲先上粉，然後再用蜜粉刷將多餘的粉刷掉。蜜粉刷應該是所有刷子中最大的一把，梳毛應該又寬又柔軟，圓形或尖型（方便繞過眼睛和鼻子周圍）。

★**眼瞼刷**：這刷子比一般的眼影刷要大且寬，是在妳想要用單底色蓋滿眼瞼時使用。

★**唇刷**：刷毛應該堅實，且使用時可以順利彎曲。唇刷有扁平的、有角度的、或尖型。我覺得有角度的唇刷最不好用，我比較偏愛介於扁平和尖型之間的那種。可伸縮或有蓋子的唇刷比較方便放入皮包攜帶。

★**遮瑕刷**：妳當然可以用手指上遮瑕膏，但是遮瑕刷讓妳可以將更多遮瑕膏塗在妳所希望的部位。如果妳想遮蓋黑眼圈或老人斑，遮瑕刷就是妳所需要的。由於刷毛尾端漸細，妳可以輕易處理較難塗抹的區域，像是眼睛內側和鼻子周圍。一把好的遮瑕刷和唇刷類似，但是稍微厚一點、長一點，也更為柔軟。刷毛應該堅實但是不會太硬，才不會傷害眼周脆弱的肌膚。

★**順眉刷**：順眉刷和眉刷不同。順眉刷也是用較硬的刷毛製成，但不應刺刺的，形狀則應該像牙刷（其實，緊急時也可以用牙刷）。使用時將眉毛往上刷，然後將亂翹的眉毛梳順。

★**睫毛梳**：我從來沒用過睫毛梳，但是有些女性喜歡在上了睫毛膏之後，用睫毛梳將睫毛梳開。如果你在上睫毛膏時很小心仔細，妳就不需要這個多餘的步驟了。

刷子之外

化妝刷顯然會是妳在美容工具上最大的一筆投資，但是還有幾項工具是妳希望化妝時可以使用的。拋棄式海綿是很方便的，到藥妝店買那種小塊狀的，買一大袋，而且別想要一直用到老。當海綿髒了，就換新的。（我很瘋狂；都是用一次就丟。）

妳也可以在藥妝店買蜜粉撲，但是買品質比較好也比較昂貴的那種，其實很值得（所有化妝師系列產品都有蜜粉撲）。妳可以手洗它，或丟進洗碗機洗，才能用得比較久。如果妳喜歡用海綿上眼妝，我建議妳買一袋拋棄式海綿，並經常更新。這樣比較衛生，而且用乾淨海綿上眼影，眼影顏色也會比較乾淨。

把睫毛夾翹並非必要，但是睫毛夾可以幫助妳睜開眼睛，睫毛看起來也比較濃密（不論是否上了睫毛膏）。找一把順手的睫毛夾，夾緊睫毛，但是別太過用力。

徹底整理，大肆採購：
什麼該留、什麼該丟、什麼該買

徹底整理

為什麼要整理妳的化妝品？因為方便隨時使用。就像一早起來，如果妳的衣櫃沒有塞滿過時的衣服，妳會比較容易找出上班要穿的衣服；如果妳打開抽屜或化妝櫃，發現所有妳會用到的化妝品都在妳面前，妳要化妝也會又簡單又快速。把所有東西都放整齊，我保證妳可以在5分鐘內化好妝。找出妳最喜歡的眼影或清理因為蓋子破裂而灑出的粉底，會浪費妳寶貴的時間。但是如果妳花額外的時間徹底整理，把舊東西丟掉，並將破掉的化妝品重新包裝，一年只要做2次，妳每天都可以省下很多時間。妳也會覺得很愉快，感覺一切都在掌控之中。

一開始，先把妳的化妝品抽屜、化妝包、或化妝櫃清空，然後仔細檢視每一樣東西。把破掉的、會漏的、或髒亂的東西先丟掉。如果可能，把這些產品裝入新的容器內。粉底液可以倒入新的瓶子裡，外殼破裂的唇膏可以一片片刮下放入彩妝組合盤裡，或甚至放入那種分隔每天藥量的小藥盒裡。已經沒有蓋子的唇筆和眼線筆可以放入乾淨的拉鍊塑膠袋，但是破掉的粉盒、腮紅、或眼影就真的該丟了。如果真的是妳最喜歡的顏色，而且已經停產了的話，就把它放入拉鍊塑膠袋，不然就丟了它，買新的。下一步，是把妳已經買了2年，但是從來沒有碰過的化妝品丟了。其中可能包括妳在雜誌上看到最新流行的色彩，但是一買回家妳就不喜歡了；或是化妝品質地怎樣就是和妳的膚質不搭；或是化妝品配方害妳長痘痘。不論原因是什麼，丟了就對了。然後把那些只用過一次，或甚至根本沒用過的化妝品放在盒子裡，送給可能需要的人，例如戲劇團體或女性中途之家。

既然妳已經把亂七八糟的化妝品和妳不會再用的化妝品都清掉了，現在請仔細檢查妳的基本化妝品。先從粉底開始。如果你有5或6種不同的粉底，那真是個不好的開始，因為妳最多只會需要2種。（請看第16章關於選擇正確的粉底。）把每一種都打開並聞聞看。如果有怪味，或者濃度有變化，就該丟進垃圾桶了。粉底通常1年左右就壞了，如果長期放在太陽下則壞得更快。一旦妳把過期品都處理掉了，拿面鏡子，將剩下的粉底抹一點在臉頰上，然後在自然光下仔細觀察。只有那些融入妳膚色的粉底是值得保存的。最理想的狀況是，妳會有一款粉底現在與妳的膚色完全相配，另外一款在6個月後換季時，正好搭配妳略為變淺或變深的膚色。

接下來，看看妳所有的唇膏。我發現這是許多女性常會買過頭的化妝品。如果妳也是其中之一，妳可能會發現妳擁有的唇膏竟然比妳以為的要多很多。希望妳已經將2年沒用的顏色丟掉了，破掉的唇膏也已經換裝在彩妝組合盤裡。看看還剩什麼，想想那些是妳真的會用的。那支妳特地留待搭配那件妳從來不曾穿過的洋裝的唇膏，應該可以丟了。還有那些妳在衝動之下購買，但是一回家就不喜歡的顏色也可以丟了。那種經過混合才能產生妳喜歡的顏色的唇膏，也不適合妳。如果你有興趣，就把這些顏色放如組合盤裡做實驗。我只相信能用的東西，而不是需要加工過才能使用的東西，不過，決定權在妳。接著，以同樣的方法處理眼影和腮紅。

一旦妳把所有的化妝品排出來，妳就可以做個小規模的產品保養。用棉花棒沾酒精擦拭妳的化妝盒，把舊的海綿和粉撲換掉，然後檢查所有的化妝品是否過期。尤其注意睫毛膏，因為它的保存期限特別短，只有3到6個月。當我買回新的睫毛膏，我馬上會在外殼上標示日期，才不會不小心用過期了。如果過期了也很容易分辨，因為它會變乾變裂。如果妳習慣在車上化妝（我覺得這是早上省時間的好方法，只要妳不是開車的那個人！），請注意，把化妝品放在車子的置物箱或太陽照射到的地方，會嚴重縮短化妝品的保存期限。

一旦妳把抽屜整理好，看看那些留下來的化妝品，妳會發現可能只剩下原來的五分之一了。不過我的看法是，妳其實擁有更多，因為每一樣化妝品都是妳可以用的了。整理化妝品的方法有百萬種，得看妳的空間有多大。妳可以在抽屜裡放一個刀叉盒方便妳系統化，在空出的地方放塑膠盒裝小東西，或用杯子放妳的刷子和筆類。希望妳從這次整理中有所啟發，所以妳可以再用1個鐘頭整理妳的藥櫃（妳留著那些陳年老藥做什麼？），還有妳的衣櫃。

這時候妳也可以順便整理妳袋子裡的化妝包，和旅行用的化妝包，看看哪些該丟，哪些該換瓶子，重新評估這些化妝品。我習慣將同樣的基本化妝品再準備一份放在化妝包裡隨時帶著走。這樣我就可以在中午補個妝，或是當我下班後直接去赴晚餐約會也可以化妝。那些在妳整理家裡化妝櫃時被丟掉的化妝品，妳最好也檢查看看妳的隨身化妝包裡有沒有。隨身化妝包內的化妝品最需要保持完美，包括顏色最搭配的遮瑕膏和粉底、粉餅、柔軟漂亮的腮紅，以及每天要用的唇膏。我的旅行用化妝包也是準備好可以隨時上路，裡面有小瓶裝的主要化妝品，像是潔面乳、乳液、和洗髮精。仔細檢查一番，把空瓶裝滿，或換掉舊的化妝品，如此一來妳就可以在任何突發狀況下隨時出發。

保存期限
不，化妝品並非永久可用。以下是一些化妝品的生命週期：

粉底	12至18個月
遮瑕膏	1 年
蜜粉	2年
睫毛膏	3至6個月
唇膏	12至18個月
唇筆或眼線筆	1年
眼影	1年
粉狀腮紅	2年
霜狀腮紅	6個月至1年
乳液	12至18個月
眼霜	1年
防曬乳液	1年

大肆採購

現在妳的化妝品已經徹底整理好了，妳可能會發現一些多餘的空間。妳是否突然發現妳沒有一支妳真正喜歡的唇膏？或是妳沒有一款可以完美搭配妳膚色的粉底？好吧，該去逛街了！

我想女性買化妝品時的最大抱怨就是，她們覺得專櫃小姐給她們購買的壓力。所以妳必須記得的第一件事就是了解妳的權利。妳沒有義務在任何情況下買任何東西。如果專櫃小姐幫妳試了妝，妳可以說：「讓我考慮一下，」然後離開。如果妳嘗試了新的產品，例如亮色唇膏或中性色彩的眼影，妳可以走到外面的自然光下看看效果。一個鐘頭後如果妳還是喜歡妳的新嘗試，妳再回去買妳所試用的產品。相反的，如果妳試擦一支唇膏，馬上就知道這是個完美的顏色，那妳無論如何得立刻買下來。但是絕對不要因為專櫃小姐幫妳試了很久，讓妳產生罪惡感而購買任何產品。每次當我聽到有人說：「都是小姐逼我買的，」我就會想像一個女人坐在椅子上雙手動不了，於是專櫃小姐偷了她的信用卡去付賬。我希望賦予女性更多自主權。如果妳買東西，是因為妳選擇要買，所以這東西應該是妳很希望擁有的。

如果妳無法決定是否該買某項產品，另一個選擇是跟專櫃小姐索取樣品或試用品。這個方法尤其適合用在保養品的購買上，很多品牌都有小型試用品可以讓妳用上一個星期。這樣妳就能在買下一大瓶潔面乳或乳液之前，先確定是否適合妳的膚質。

百貨公司絕對不是妳唯一購買化妝品的選擇，還有藥妝店及大賣場如Wal-Mart。在藥妝店買那些需要試用的產品(如粉底)可能很難，但是在這裡，是妳可以用便宜的價格購買不需要試用的流行彩妝的好地方，像是指甲油。另外就是化妝品專賣店。如果妳可以找到某個品牌的單點專賣店，就像去設計師品牌的精品店一樣，就可以看到整個系列的展示，而且，我覺得化妝師系列產品會有最棒的粉底。這種粉底的顏色會比百貨公司中的品牌還要接近膚色。賽佛拉

Sephora（來自歐洲的美容連鎖專賣店）則創造了全新的化妝品採購方式。她的連鎖店等於讓化妝品狂熱者的夢想成真！所有的品牌都能在這裡找到，而且可以毫無壓力地試用，絕對是可以慢慢比較、慢慢採購的好地方。

選購祕訣：各類型化妝品商店的分析比較

商店類型	優點	缺點	最適合購買的產品
藥妝店	方便又便宜	某些產品無法試用，購買粉底、遮瑕膏、或蜜粉比較困難	指甲油，睫毛膏，護膚產品，眼線筆，不過最好妳能先試試看
百貨公司專櫃	大部分專櫃小姐都受過化妝訓練，而且妳可以試用後再買	有購買壓力，如果妳試用或問很多問題後又不買，有些專櫃小姐會讓妳覺得自己像個罪犯	粉底，遮瑕膏，蜜粉等等，所有需要試用的產品
單一彩妝品牌的專賣店	這是妳喜歡的品牌，而且產品比較齊全，也沒有像百貨公司一樣煩人的專櫃小姐	妳可能無法從單一品牌中，找到妳所需要的全部產品	各種顏色的唇膏和眼影，粉底，遮瑕膏都買得到

買家守則

妳在化妝品專櫃絕對擁有自主權。這裡要告訴妳該如何行使妳的自主權：

★ 就算專櫃小姐幫妳試了妝，妳也沒有義務要買任何產品，除非專櫃小姐在試妝前就已經先明確告訴過妳。

★ 不管妳是不是決定要買了，妳都可以索取樣品和試用品。

★ 如果妳已經把產品買回家，才發現已經過期了（產品質地走樣或有怪味），妳可以拿回去退錢或換貨。

★ 在妳買不能試用的產品前（有些藥妝店會有這種狀況），了解一下店內的退貨規定。有些店家會允許妳把不滿意的產品拿回來換。

★ 堅持立場！如果妳只想買唇膏，別讓自己覺得有壓力再買同色系的指甲油，或其他專櫃小姐逼著妳買的產品。

16 CREATING THE PERFECT CANVAS
創造完美的畫布

在妳上任何妝之前,妳需要先做四件事:

1. **準備:** 第一步(妳只需要每6個月左右做一次)是把自己先整理好。洗臉、把化妝台整理好、把化妝抽屜簡化到只剩下妳喜歡而且用得到的化妝品。(請看第15章關於整理祕訣)

2. **觀察:** 從鏡子裡好好看妳自己,誠實評估妳今天早上的肌膚狀況,還有妳需要如何化妝才能達到完美。(實在不喜歡妳所看到的嗎?翻到第24章,了解狀況不佳時的美容祕訣。)

3. **決定:** 在妳準備上妝之前,妳需要什麼護膚程序?(請看第13章。)

4. **思考:** 妳今天想要什麼造型?運動型?亮麗型?超流行?性感型?極簡型?妳有幾分鐘做準備?(請看第19章,了解有時間性的化妝策略)

遮瑕膏:美麗宇宙的祕密

無論如何,先用遮瑕膏就對了。我不管妳是不是只剩下30秒就得化好妝,遮瑕膏是妳絕對不能省略的步驟。為什麼?因為這是唯一可以遮蓋黑眼圈的方法。它(很理想地)把眼睛下方深色且單薄的肌膚刷亮,並製造出這部位肌膚和臉部其他肌膚顏色一樣的幻覺,讓妳看來不顯疲倦。

不好的遮瑕膏,不幸的,到處都是。相反的,好的遮瑕膏是我能送給任何女性最棒的禮物。如何辨別呢?很簡單。不好的遮瑕膏是白色的、粉紅色的、粉質的、乾澀的、或油膩的。它會使妳看來更糟,甚至反而加強了妳想要遮蓋的缺陷。好的遮瑕膏是平滑的、霜狀的、黃色調的;它很容易融入妳的膚色;一擦上立刻會讓妳更顯光采。

測試。在妳的手指之間感覺遮瑕膏。感覺粉粉的，黏黏的，質地很單薄，還是很油膩？如果是的話，那就別用了。妳應該用的是霜狀而且容易推開的質地，顏色應該黃色基調。（例外，如果妳的肌膚是真正的瑭瓷白色。請看第20章關於色彩的祕訣。）而且顏色應該比妳的膚色略淺一點。大多數女性選擇的顏色都太淺了。如果妳上遮瑕膏後，發現效果十分明顯，有可能妳需要稍微深一點的顏色。

芭比消除黑眼圈的技巧

★ 首先，塗抹質底比較輕盈的眼霜（只要塗眼下部位），肌膚可以很快吸收，並使眼下肌膚顯得平滑。如果肌膚太過乾燥，擦上遮瑕膏後反而會顯現皺紋。

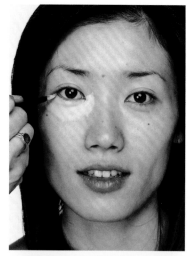

★ 使用遮瑕刷（請看第14章刷子的基本知識）或者用妳的食指將遮瑕膏一層層塗上，並塗抹均勻。一直塗到與睫毛水平的高度，還有眼睛內側（確定妳不只是遮蓋了黑眼圈，連泛紅的部分也蓋住了）。這可以使妳的眼睛像年輕時一樣沒有黑眼圈，也讓妳的眼睛顯得清澈有神。用量要比妳想像的多，並且讓它與妳的肌膚徹底融合。

★ 別把遮瑕膏塗在眼瞼上，這會讓妳的眼妝起皺紋。

★ 上完遮瑕膏後，用手指輕輕拍打讓它滲入肌膚。記得動作要輕，妳可不想把它給拍掉了！

★ 還看得到黑眼圈嗎？用同樣的方法再上第二次，確定妳用手指輕拍讓它滲入肌膚，才不會起皺紋。

★ 當妳覺得滿意後，開始上粉底。（請看第100頁關於上粉底的技巧）。接著，上黃色的蜜粉（或白色，如果妳的肌膚是瑭瓷色），使用柔軟的絨毛粉撲，輕蓋遮瑕膏和眼瞼。蜜粉會把遮瑕膏定妝，使效果更持久，並有助於接下來的眼部化妝。

以上是遮蓋黑眼圈的基本規則，就像其他規則一樣，都有少數例外。如果妳的眼圈顏色恰好相反（比臉上其他部位的膚色要淺），妳就該實驗各種遮瑕膏的顏色。試試和妳的粉底一樣，或比妳的粉底較深的顏色。如果妳的黑眼圈顏色很深，幾乎是紫綠色（對膚色深的

人而言很普遍），選擇有點粉紅色的遮瑕膏。粉紅色對我們大部分人來說會顯得蒼白，但是對黑眼圈很深的人來說卻有神奇的功效。之後同樣用偏黃色的蜜粉蓋過臉部，幫助遮瑕徹底融入肌膚。

遮瑕膏不是用來遮蓋臉部瑕疵或紅斑的。為什麼？因為正確的遮瑕膏顏色應該比膚色要淺，用在臉部瑕疵上，反而讓瑕疵更為明顯。但是妳可以用遮瑕膏遮蓋某些胎記、曬斑、或老人斑。妳必須實驗看看，或許結合遮瑕膏和不同顏色的粉底試試。用遮瑕刷將遮瑕膏塗在妳想遮蓋的部位，然後用粉底（條狀的粉底最適合在此使用，因為可以輕易遮蓋並混合）。而且，別想要遮蓋妳的痣。蓋不住的！妳有兩個選擇：樂在其中（瑪麗蓮夢露和辛蒂克勞馥就和痣相安無事）或請皮膚科醫師幫妳去除。化妝在這方面是沒有幫助的。

如何遮蓋臉部瑕疵

★ 和平常一樣先上粉底

★ 用遮瑕刷沾上和妳膚色相同的霜狀粉底或粉妝條（液狀粉底蓋不住瑕疵）。

★ 塗在妳要遮蓋的瑕疵上，然後用手指輕輕拍勻（不是用力抹）。

★ 用粉撲沾取少量的蜜粉將粉底定妝。

粉底：完美妝效的基礎

我們使用粉底的原因在於使膚色均勻平滑，不是要改變我們的膚色或遮蓋皺紋（要這麼做得塗上很厚一層，看起來很恐怖）。由於粉底的目的是使膚色均勻，唯一的方法就是選擇和膚色完全相近的粉底。妳將會把它擦在臉上，所以先試用在妳的手背。如果妳試在手臂內側（通常顏色和妳的臉部完全不同）是沒有意義的。重點在於能夠完全融入妳的膚色之中，所以當妳上好粉底，妳的臉部會看來平滑沒有瑕疵，彷彿妳根本就沒有上粉底一樣。

芭比選擇完美粉底的基本規則

★ 妳需要花些時間，慢慢選擇一款顏色和質地都適合妳的粉底。結果是很值得的：就像一件好的內衣會讓妳穿上衣服後顯得更美，

合適的粉底也會讓妳的妝效呈現完美。

★ 只買妳能夠在臉上試用的粉底。

★ 記得在自然光下檢查顏色合不合適。由於大多數店家都缺乏自然光，在妳購買之前，先把粉底塗在臉上，然後拿一把小鏡子走到戶外仔細看清楚。（把臉側向一邊看看是否和妳的膚色相融，和妳頸部的膚色是否一樣。）

★ 選擇黃色基調的粉底（別選粉紅色的）。

★ 確定粉底配方適合妳的膚質。

由於妳的粉底必需與膚色完全相近，妳可能需要兩種不同顏色的粉底：一種適合冬季使用；一種顏色較深，適合夏季使用（不論我們多麼小心防曬，一到夏季膚色還是會比較深一點）。在春秋季節，妳則可以將兩種顏色混合使用。除了特別白，像瑯瓷白的膚色外，每個人都需要一款偏黃色的粉底，讓膚色顯得溫暖。妳的膚色愈深，妳就愈需要黃色粉底（雖然很多粉底也有適合深色肌膚使用的紅色、橘色、或藍色混合黃色粉底）。粉紅嫩芽色的粉底會看起來有點假且不自然。妳會好像戴了一張面具一樣，尤其在拍照的時候。

一旦妳找到了合適的顏色，接下來妳需要考慮質地。選擇合適的粉底配方表示它要能為妳的膚質帶來最好的效果。不過，妳的風格，和妳想達成的妝效也會影響妳買粉底的抉擇。我有好幾種粉底，所以我可以根據我的心情和場合選用。粉妝條是我每天使用的（因為方便攜帶，也易於使用在我想遮蓋的部位）。夏天或週末時，我較常使用潤色隔離乳。當我需要比較正式的妝時（參加正式宴會或商務場合），我會使用滋潤型的霜狀粉底。妳可以實驗看看，找出最適合妳的產品。

乾性肌膚。妳的選擇有粉妝條、粉底液、或粉底霜……都含有油脂。確定妳選擇的質地不會有粉粉的質感；絕對別用無油性粉底，因為會讓妳的肌膚呈現乾燥的感覺。而介於霜狀和粉狀之間的配方會讓妳覺得更乾。

一般性肌膚。妳可以選擇任何配方的粉底。

油性肌膚。除了無油性配方，妳別想要用其他類型的粉底，無論是粉妝條、粉底液、或粉底霜。如果妳希望效果更加清爽，妳可以在上粉底前，先在妳的T字部位使用控油乳液。上粉底後再用粉撲鋪上無油性蜜粉。

混合性肌膚。在上粉底之前，妳應該在泛油的部位使用控油乳液，並滋潤乾燥的部位，像是臉頰。而且妳最好隨著季節變換而使用不同配方的粉底：夏季使用無油性配方，冬季使用滋潤性配方。

讓粉底呈現自然的效果是很容易的，只要妳找到合適的顏色。粉底的顏色應該要和妳的膚色完美融合，所以就算妳在沒有鏡子的狀況下也能上好粉底。我偏愛將粉底直接點在臉上各個部位，然後用我的手指或拋棄式海綿塗抹均勻。妳可以全臉都上，也可以只上在妳想遮蓋或撫平的部位，祕訣在於，必須混合均勻。而且妳不需要連頸部都上粉底，如果妳選擇的粉底顏色是正確的，在妳的臉部（有粉底的部位）和妳的頸部（沒有粉底的部位）之間就不會有一條分界線。

102

50歲以上的粉底祕訣
如果妳試圖掩蓋泛紅部位，妳就需要上粉底（潤色隔離乳無法幫助妳遮蓋）。確定使用霜狀配方，才不會顯現皺紋並突顯它。當妳70歲以上，改用潤色隔離乳，可以使肌膚顯得平滑，並製造乾淨的感覺，但又不覺得像戴了面具。

蜜粉：幫助妳定妝

蜜粉的目的就是使粉底持久，多一層保護，也遮蓋油光。女性常犯的一個錯誤，是以為透明的蜜粉創造透明的效果。事實並非如此。透明的蜜粉其實創造的是蒼白、帶點灰澀的粉紅效果，不僅不自然，也會讓肌膚看起來沒有光彩。我深深相信只有黃色基調的蜜粉才能增加膚色的溫暖及光澤。幾乎沒有人不需要黃色的蜜粉。如果妳的膚色特別白(我只見過一個或兩個這種女性)，我建議用白色蜜粉，少量即可(妳可不想看起來像個藝妓)。

化妝品在包裝盒裡，和在妳的臉上看起來非常不同，所以唯一了解蜜粉顏色是否適合妳的方法，就是把它塗在臉上。就像粉底一樣，夏季妳需要比較深一點的顏色，冬季需要稍淺色的蜜粉。無油性、薄透的蜜粉，最能吸收油性肌膚臉上多餘的油光。含有少許油性成分，觸感如絲般柔順的蜜粉則適合乾性肌膚(可以製造平滑效果，忽略皺紋的存在)。粉餅(包裝在粉盒裡)適合日常補妝時用，但是妳應該在家使用蜜粉上妝。我偏愛用粉撲上蜜粉，然後用大刷子將多餘的粉刷掉。油性肌膚需要的蜜粉量比較多，乾性肌膚只需要用在鼻子和額頭部位。而當妳覺得肌膚特別乾燥時，妳也可以不用蜜粉。

眼妝的設計就是要突顯眼睛的。不過，如果妳選擇的顏色反而和妳的眼睛顏色搶鏡頭，妳的眼妝反而造成反效果。要創造好的眼妝，祕訣很簡單：強化妳的眼睛。這包括了只用睫毛膏或只畫眼線，到完整的眼妝含眼線、眼影、塑造眼部輪廓、睫毛膏等。而當一款大膽、亮麗的眼影在雜誌照片中呈現神奇的效果時，在現實生活中的女性最好還是使用低調、中性一點的顏色。不論妳作何選擇，目的是要確定焦點在於妳的眼睛，而不是妳的眼妝！

在妳畫眼影或畫眼線之前，先將淺黃色蜜粉撲在妳的眼瞼上。這像是在妳的眼影打底，使眼影附著力更強，然後開始畫眼妝。選擇一個稍淺的顏色畫滿眼部，用中間色系畫眼瞼，再用稍微深的顏色畫眼線。至於第四個可有可無的步驟，是用介於中間色和深色之間的顏色來塑造眼部輪廓。

眼影底色。選擇可以融入妳膚色的顏色（尤其在白天時），例如純白色、米白色、焦茶色、沙白色、或蕉心白色。什麼顏色不適合？蜜桃色、玫瑰紅、或任何紅色系顏色，會讓妳看起來很疲倦。由於眼影底色的目的是要融入肌膚，請使用粗的眼影刷，將大量眼影塗滿眼瞼，從睫毛上開始塗至眉骨。

眼瞼顏色。這裡應該選用中間色彩，不需要融入膚色，從眼瞼畫到眼摺部分。妳可以從一些基本的中性色開始著手，然後再嘗試那些比較戲劇化的顏色。

適合藍眼珠的顏色——帶灰的橙茶色、石板棕色、紫褐色。
適合綠眼珠的顏色——帶黃的橙茶色、駱駝棕色、紫褐色。
適合褐眼珠的顏色——豔橙茶色、貂棕色、摩卡色。

使用柔軟蓬鬆的眼影刷，從緊接著睫毛的部位開始畫，畫滿眼瞼，蓋滿眼部四分之三的區域。如果妳覺得畫起來無法和眼影底色融合，表示妳選的顏色太深了。

創造眼部輪廓的顏色。在白天，妳可以選擇是否要用深一點的顏色創造眼部輪廓（在晚上，這是創造戲劇性效果最好的方式），但此非必要步驟。不過如果妳的眼睛比較小，眼瞼鬆弛，或眼窩很深，就非常適合這麼做。使用中等寬度的刷子，大約是一根手指的大小，刷毛切成斜角型或直線蓬鬆型的都可以。從眼睛的上方外側開始畫，往下畫到眼摺線。第二道輪廓是從眼睛下方外側睫毛的高度開始，往上畫到眼摺線，然後用手指將兩條線融合。小心別用太深的顏色，這樣會讓小眼睛顯得更小。可以嘗試其他顏色，例如豔褐色、銀灰色、摩卡色效果都不錯。別用黑色或晶炭色，除非妳要登上舞台。深邃黑色只適合搖滾明星和超級名模！

眼線。這時候就可以選擇比較深的顏色了，像是烈茶紅色、晶炭色、濃藍色。明亮的顏色並不適合，因為它會和眼妝其他的顏色爭寵。妳可以只畫上眼瞼的眼線（記得整條眼線要畫完整，只畫一半會好像沒畫完），只畫下眼線又會讓妳顯得疲倦。為了真正突顯眼部，最好上下眼線都畫，從上眼線開始。請使用眼線刷，畫時盡量靠近睫毛。如果不完美也別擔心，用手指或棉花棒擦掉就好了。

畫眼線的三種方法

1.眼線粉：眼影以刷子沾粉畫，乾燥或沾濕的都可以。這是我個人最喜歡的方法，因為如果妳畫太重了，很容易就可以刷淡。

2.眼線液、眼線膏、或眼線膠：這種方法最有戲劇性效果（適合晚間使用），而且適合用又小又薄的眼線刷來畫。但是這種方法不容失誤，一旦畫好了，就無法再擦掉重畫。

3.眼線筆：很易於使用，但是比較不持久。霜狀的眼線筆很適合暈染，但是妳需要再上蜜粉定妝，避免它掉色或暈開。霜狀或粉狀質地可以創造接近眼影的效果。

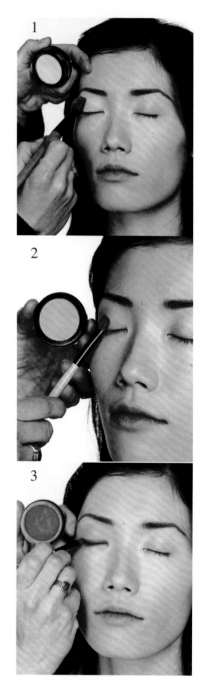

眼妝步驟1.2.3.：
1. 先用淺色畫滿眼部
2. 中間色畫眼瞼。
3. 深色畫眼線。

芭比的祕密

確使妳的上下眼線在眼睛外側的角落交會，才能使眼睛看起來比較大，而且形狀姣好。

芭比的祕密

芭比睫毛膏是妳在白天不想濃妝豔抹時的低調選擇。也適合金髮或褐髮女性用來畫眉毛（畫之前先把睫毛膏轉一轉，避免沾上過多睫毛膏）。

芭比創造持久眼妝的祕訣

★ 小心濕潤！眼影需要附著在乾燥的表面上，意思是說眼瞼上不能有眼霜，只能擦在眼睛下方當作遮瑕膏的底妝。

★ 使用淺黃色蜜粉，而且在上了遮瑕膏之後用粉撲撲上，眼瞼上也要撲，把濕潤部分撲乾。

★ 使用粉質眼影或抗水的霜狀配方，才能真正持久。

★ 用沾濕眼影畫眼線，或者如果妳用的是眼線筆，將粉質眼影畫在眼睛上方。

★ 最後刷上防水的睫毛膏。

關於睫毛膏

我最喜歡的睫毛膏是黑色的。我發覺如果刷黑色睫毛膏，妳就不太需要其他眼妝來突顯妳的眼睛。但是膚色特別白，髮色和睫毛顏色又淺的女性應該使用褐色睫毛膏而不是黑色，才不會形成太過強烈的對比。其他顏色的睫毛膏也很有趣，適合搭配中性色彩的眼影。請確定睫毛膏主要是黑色或褐色，因為如果顏色太亮，會顯得太明顯而且不自然。至於配方，我最喜歡纖長型睫毛膏；很容易上色，又可以自然創造睫毛捲翹的效果。濃密配方則容易結塊。防水睫毛膏最適合用在妳出汗時（運動、電視錄影）或哭泣時（婚禮，尤其是妳自己的婚禮）。但是，我不建議每天使用防水型睫毛膏，因為質地對睫毛來說太乾燥了。

使用時：從睫毛根部往上刷，刷在上睫毛的內側，和下睫毛的上側。可以上兩到三層，睫毛膏乾了再上第二層。

卸妝時：將卸妝液倒在乾淨的化妝棉上，輕輕擦拭整個眼部區域。用乾淨的化妝棉再重複一次，直到徹底清除。然後用溫水或沾濕的化妝棉清洗。防水性睫毛膏需要專用的卸妝液（但是方法一樣）。

神奇的眉毛

眉毛的重要性大於多數女性的想像。簡單的整眉步驟對妳的外表大有幫助，甚至當妳其他妝都不畫時。我的建議是聽聽朋友的推薦，

找一個能夠幫妳修眉毛的專業大師。一旦妳把最適合妳的眉型修出來，之後就可以自己用鑷子維持了。任何時候妳想偷懶，或是眉型失去掌控，妳就去找修眉大師幫妳處理。

有好幾種方法可以去除妳的眉毛，用鑷子拔除、蜜蠟、電解法、雷射，決定權在妳。我個人偏愛用鑷子，因為既快速又容易掌控。買好的鑷子是一項划算的投資(我喜歡鑷人牌Tweezerman或盧必絲牌Rubics)因為它們不僅好用又耐久。我覺得有角度的鑷子比較好用。使用鑷子拔除眉毛最好的時機，就是當妳剛洗好澡時，因為毛細孔張開，拔起來比較不痛。還有就是明亮的燈光(最好是自然光)以及一把好的放大鏡。慢慢來，一次拔一根毛，並且在眉毛間變換位置，保持眉型完整。別急著一次拔太多，然後退後照照鏡子，看自己拔成什麼樣子。如果妳覺得拔得不夠，妳隨時可以回頭再拔，但是如果妳一下子拔得太多，妳只能留著殘缺的眉毛等它再長出來。

芭比的塑眉步驟

★ 從兩眉之間的清理做起，把雜毛去除，但是小心別超過妳的眼睛內側。

★ 把眉毛往上刷(用眉刷或小牙刷)，然後根據妳想要的眉型開始拔除眉毛下方的雜毛。

★ 如果需要，把眉毛上方的雜毛拔除，這個步驟並非必要，小心別拔掉太多。

★ 至於比較長或亂翹的眉毛，往上梳；後用小剪刀慢慢修剪。同樣的，一次只剪一點點，隨時都可以回頭再剪的。

即便是最棒的眉型有時候也需要修整。用眉筆將零星的區域填滿，再用蜜粉上色定型。如何決定使用什麼顏色？根據妳的髮色而定。

髮色	眉色
淡金黃色	淡亞麻色
中間到深金黃色	淡亞麻色到貂棕色
淺到中間褐色	貂棕色到烈茶紅色

中間到深褐色	烈茶紅色到紅褐色
黑色	烈茶紅色到深邃灰色
	(別用晶炭色或黑色)
淺紅色	橙茶色或駱駝棕色
中間紅色	橙茶色到紅褐色
深紅色	紅褐色
銀灰色	深邃灰色或深灰色
淺灰色	銀灰色或石版棕色
白色	石版棕色或烈茶紅色

芭比的修眉技巧

★ 將眉刷沾上眼影粉,並將多餘的粉拍掉。

★ 從眼睛內側開始,用如羽毛般輕盈的手法沿著眉毛刷過去。

★ 想要更進一步突顯眼部,妳可以上一點顏色在眉毛上方邊緣部位,加強眉彎的弧度

★ 看鏡子檢查結果,確定兩邊眉型一樣。如果眉色搭配妳的臉顯得太深或太重,用粉撲將黃色蜜粉拍到眉毛上淡化它。

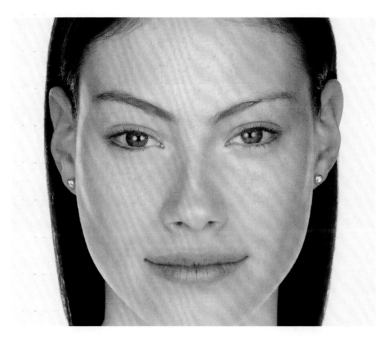

增加色彩

千萬別以為自然妝效的概念就是單一色彩，沒有化妝的外表。看起來很自然的化妝也不是只用中性色系像是裸棕色和褐色。妳的臉上需要溫暖一點的顏色，讓妳的肌膚顯得有生氣而且漂亮。祕訣在於找出最適合妳肌膚的顏色。

腮紅：為雙頰增色

我喜歡腮紅！在塗上遮瑕膏後，腮紅是我一定要用的化妝品。要讓自己看起來漂亮、快樂、健康、散發光采，擦上腮紅是最簡單的方式。許多女性害怕使用腮紅，因為很容易選到不適合的顏色。如果妳的腮紅在妳上色後一個鐘頭就掉色了，或是顏色很難搭配妳的肌膚，那就丟了它！好的腮紅可以讓妳的臉頰呈現自然光采。就算妳的膚色很深或很黑，正確的腮紅顏色可以立刻點亮妳的臉。

芭比的腮紅基本原則

★ 尋找一款讓妳立顯健康光澤的顏色。

★ 合適的腮紅顏色應該很容易和妳的膚色融合。如果妳必須想盡辦法才能搭配妳的膚色，表示妳選的顏色不是太深就是太亮了。

★ 擁有兩款不同顏色的腮紅：一款是完全自然，像是妳的臉頰發紅時的顏色；一款是有點亮，為妳增添色彩亮麗的感覺。

★ 緊急狀況下，可以用妳的唇膏當腮紅，就當妳是用霜狀腮紅。

當妳買了新的腮紅回家，第一件事就是把腮紅盒裡的刷子丟了。那種刷子都太薄了，會留下一道腮紅線的痕跡在妳的臉頰上。使用大一點，蓬鬆一點的刷子。（請看第14章關於刷子的知識。）上腮紅時，對著鏡子裡的自己微笑，將腮紅畫在妳臉頰突起像蘋果的部位，一直畫至髮際。我的祕訣是將腮紅再往下淡淡刷過，可以使顏色顯得更為柔和，看起來好像屬於妳臉頰的一部分。然後上一點比較亮的顏色在蘋果部位，才不會一個鐘頭後顏色就褪色了。同樣的

芭比的祕密

到了夜晚，妳可以將稍亮的顏色刷在顴骨上方部位，創造晚妝的效果。

技巧也可以運用在霜狀腮紅上：將腮紅畫在蘋果部位，然後用手指
將顏色推至髮際，再往下推。

芭比的腮紅顏色指南

★ **瑯磁白色肌膚**：粉柔紅色或杏紅色（別用古銅色或褐色系，在妳
　 白皙的肌膚上會顯得髒髒的）

★ **淺色肌膚**：淺沙紅系

★ **中間色肌膚**：帶有淡茶紅色的布朗尼粉紅色系

★ **褐色肌膚**：稍深的布朗尼玫瑰紅色

★ **拉丁或淺黑色肌膚**：桃李紫色、金褐色、深玫瑰色

★ **黑色肌膚**：深古銅色或深紅色

★ **深黑色肌膚**：深古銅色或根本不需要腮紅

★ **第二款顏色**：額外上色，選擇比妳平常用的腮紅稍微亮一點的
　 顏色，而且要搭配妳的唇膏顏色

50歲以上的腮紅祕訣
每隔幾年妳就需要重新評估妳的腮紅顏色。在更年期開始以後，膚色也會跟著改變，會變得泛紅乾燥，或蒼白。妳必須確定妳使用的腮紅顏色仍然可以與妳的膚色徹底相融。當妳年紀漸長，妳需要為臉部增添色彩，但是小心別讓腮紅在臉頰上留下明顯的痕跡。

畫唇膏很容易：選擇一款顏色，用唇刷塗滿嘴唇，然後用唇筆描出唇形即可。

嘴唇：為唇部美麗上色

尋找完美的唇膏是許多女性美容購物單上最重要的項目。但其實並沒有一款所謂完美的唇膏。最棒的顏色是會改變的，從季節到季節，根據不同的場合、年紀、心情也會不同。我的建議是擁有兩款隨時都合適的顏色，然後學著混和使用，以搭配夜晚或不同季節的情況。

想要找到一款最合適的唇膏，必須從一張沒有上妝的臉開始。是的，當妳去買化妝品時我希望妳一點妝都沒畫（上一點遮瑕膏無妨）。為什麼？因為妳在選擇唇膏時，必須以妳唇部的真正顏色作參考。妳的自然唇色很重要，因為這和唇膏擦在妳唇上的顏色息息相關。這也是為什麼同樣顏色的唇膏，在妳身上的效果會和在妳朋友身上的效果完全不同。

選擇唇膏的祕訣在於尋找和妳自然唇色相近的顏色，但是又要能夠突顯妳的嘴唇。當妳找到了，妳就會明白我的意思。這會是妳的最終選擇，無論妳是去超市買個東西或去健身房（還可以有一點淡妝，或什麼妝都不用）都很好看。但是別執著於同一個顏色。即便妳是個典型的亮色或深色唇膏愛用者，妳還是可以擁有一款自然的顏色。如果妳是自然色唇膏的愛用者，妳也可以在夜晚嘗試一些亮麗的顏色，或只是試著好玩。雖然我不是特別喜歡複雜的化妝，妳可以混合妳的唇膏顏色，這也是一種善加利用那些妳不喜歡的唇膏的方法。我的建議是：擁有一款新芽色唇膏和一款透明甜莓色唇膏，用來彌補錯誤之用。新芽色可以將太亮的顏色刷淡；甜莓色可以將任何顏色加深，改變為適合夜晚的顏色。

以下的顏色指南幫助妳根據妳的唇色選擇唇膏：

唇色	唇膏色
淺色	新芽色、沙金色、白珊瑚色、霧紅色
中間色	褐色系、玫瑰色
深色	葡萄色
紫色或深褐色	巧克力色、甜莓色

選擇配方

粉質。這是持久配方，而且深色或淺色都能創造戲劇性的效果。但是有些粉質唇膏比較乾，所以要設法找到既是粉質又有滋潤成份的唇膏。

亮光。這對害怕顏色的人來說是很好的選擇，因為這種質地很不挑人。甚至最深的顏色在唇上也顯得不是那麼明顯。亮光唇膏通常並不持久，但是因為它的顏色並不強烈，多半可以在不用鏡子的狀況下再上一層。

星紗亮粉。這也是可以嘗試強烈色彩的一種配方，因為亮粉成分會把強烈的顏色減弱。我認為亮粉適合夜晚使用；只要設法找到質地不會太過霜狀的配方。

唇蜜。我愛唇蜜！唇蜜是讓唇部飽滿最快的方法，而且適合加在任何配方的唇膏上層。

護唇膏。如果外出，有防曬係數的護唇膏十分重要。運動時可以只擦護唇膏，或是再用唇筆增加一點色彩。

唇筆。我不認為妳每天都需要用唇筆。但是唇筆可使唇膏更為持久。當妳希望顯得更有精神時也可以使用。當我使用唇筆時，我偏愛使用裸棕色，可以很容易融入自然唇色。而且別忘了修飾嘴角唇線，尤其當妳選用深色或亮色唇膏時。

50歲以上的唇膏祕訣

妳的嘴唇會隨著妳的年紀變小，這是膠原蛋白減少產生和下巴線條倒縮的結果。別為了讓嘴唇大些而將唇線畫到唇部以外，而是選用比較柔軟滋潤（甚至唇蜜）的顏色讓嘴唇顯得豐潤。為了避免強調嘴唇周圍的細紋，可以在嘴唇周圍塗上滋潤卻又不油膩的乳液。

芭比的祕密

妳可以使用中間色到淺色的唇膏，讓單薄的嘴唇有豐潤的感覺。深色唇膏會讓嘴唇顯得更單薄。

想要讓唇型更明顯又顯得自然，可以在擦唇膏後用唇筆描出唇型。

時間就是關鍵

5分鐘化妝法

這個方法適用於妳真的趕時間的時候，或是在某些場合妳不想濃妝豔抹，但又不想一臉素淨(出門辦雜事，去健身房等)。這是很單純的化妝法，但是不至於讓妳顯得好像才剛從床上爬起來。我建議妳先準備一個空的彩妝組合盤(一個可以分隔成很多隔層的盒子)，然後把5分鐘化妝法需要的主要化妝品妝進去。我的彩妝組合盤裡就有遮瑕膏、幾款粉妝條、腮紅霜、護唇膏，還有兩款唇膏：一款褐色和一款較深的顏色。我可以省略眼妝因為我的睫毛和眼睛是深色的。如果妳是淺膚色，可以加入一點褐色或黑色的睫毛膏。

5分鐘化妝法所需的主要化妝品

★ 遮瑕膏，使用於眼睛下方

★ 粉妝條，用在鼻子周圍

★ 腮紅霜，用在臉頰的蘋果部位

★ 護唇膏，可以根據妳的需求再加上唇膏

10分鐘化妝法

妳應該把這個方法當作妳日常的化妝法，適用於上班前、出去午餐前、和朋友相約逛街時。這方法還是很快速，但是允許妳可以畫一個完整的妝。這是我每次幫別人化妝時所使用的方法。

10分鐘化妝法所需的主要化妝品

★ 合適的護膚保養品(請看第13章)

★ 遮瑕膏，使用於眼睛下方

★ 粉底，用於全臉

★ 黃色蜜粉(或白色，如果妳的膚色是瑰瓷白色)，用於遮瑕膏之後，包含眼瞼部位

★ 蜜粉輕刷臉部其他部位

★ 眉毛用的眼影色彩

★ 簡單的眼妝，用淺色塗滿眼瞼，中間色塗眼瞼下半部，深色畫眼線，黑色睫毛膏

★ 腮紅或飛霞粉餅，用於臉頰

★ 唇膏、唇筆、唇蜜

★ 香水

20分鐘化妝法

適用於晚間及特殊場合。我化妝從來沒有超過20分鐘。如果妳化妝超過20分鐘，表示妳畫得太濃了，不然就是妳選擇的顏色不適合，所以妳浪費時間在調整顏色或解決問題。（請看第15章，關於整理化妝品的祕訣。）

20分鐘化妝法所需的主要化妝品

★ 和10分鐘化妝法一樣的遮瑕膏、粉底、蜜粉

★ 眼影或眉筆畫出眉型

★ 嘗試有趣的眼影色彩，像是星紗或粉質系列

★ 在眼摺線加添中間偏深的顏色，塑造眼部輪廓

★ 黑色眼線筆，眼線液或眼線膠

★ 兩層黑色睫毛膏（如果妳很有野心，不妨在上層睫毛角落黏上幾根假睫毛）

★ 在妳一般用的腮紅上再加一些亮粉

★ 唇膏可以是深色、亮色、或淺色，但是一定要用唇筆畫出唇線，並加上唇蜜

★ 香氛身體乳液，再加上香水

不同膚色之美

這本書提到許多追求美麗的祕訣和規則，而且大部分適用於大多數的一般女性。但是就像任何規則一樣，這些規則也有少數例外。?什麼？因為沒有一張臉是絕對的美麗，沒有一種髮型或膚色是每一個人應該擁有的，也沒有所謂完美的鼻子、最棒的眼珠顏色、或最美的臉型。

由於美麗存在於各種膚色、各種臉型、和各種種族之間，我將一些基本原則歸納出來，並將我從不同民族女性聽到最受關切的美容議題整理出來。除了前幾章提到如何選擇粉底和如何化妝的祕訣之外，這些原則也是妳可以運用的。遵循那些適合妳的原則，選擇那些適合妳膚色的方法和規則，並謹記，每一張臉、每一種膚色、每一種臉型，都擁有自己獨特的美麗。

亞裔女性之美

我認為亞裔女性是世界上最美麗的。但是那些我覺得最令人驚艷的特點，例如深邃的雙眼、寬臉、豐唇、完美亮麗的直髮等等，卻是亞裔女性最常抱怨的部分。如果妳的狀況也是如此，我給妳的最好意見就是，試著欣賞自己獨特的美，並樂在其中，而不是設法將妳的臉變成另一張不是妳的臉。一直以來，亞洲流行雜誌中的模特兒多數是白種人，而且許多亞裔女性試圖將自己朝西方的理想標準改變。這完全不是妳該走的方向，妳應該主張妳自己的美麗，而非模仿別人。

遮瑕膏。遵循第16章提到的原則。

粉底。黃色系的粉底適合亞裔女性，其他顏色都顯得不自然，好像戴上面具一樣。有些女性膚色較淺，也有些膚色較深，但是一樣都擁有黃色基調的膚色。

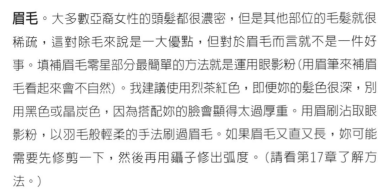

眉毛。大多數亞裔女性的頭髮都很濃密，但是其他部位的毛髮就很稀疏，這對除毛來說是一大優點，但對於眉毛而言就不是一件好事。填補眉毛零星部分最簡單的方法就是運用眼影粉（用眉筆來補眉毛看起來會不自然）。我建議使用烈茶紅色，即便妳的髮色很深，別用黑色或晶炭色，因為搭配妳的臉會顯得太過厚重。用眉刷沾取眼影粉，以羽毛般輕柔的手法刷過眉毛。如果眉毛又直又長，妳可能需要先修剪一下，然後再用鑷子修出弧度。（請看第17章了解方法。）

眼睛。別當個幻想家，並嘗試用化妝創造出不屬於妳的眼睛。亞裔女性的眼睛在簡單的狀況下最美。第一個原則是將眼線用深色（別用亮色）徹底畫出來，上眼線要比下眼線畫得更深一些。當妳張開眼睛時眼線很明顯，即可突顯妳的眼部。接著用中間色系畫妳的眼瞼。妳選的顏色只要比膚色稍微深一點點，比較容易融入膚色。在眉骨下方用淺色稍微強調，可以讓眼睛更顯得有神。最後刷上兩到三層濃密型黑色睫毛膏，加強零星的睫毛。夜晚時，煙霧般的眼妝風格

很迷人，但要小心將最深色的眼影用在眼瞼上方邊緣，用在全部眼瞼會顯得太厚重。星紗眼影也是很好的選擇，可以增加眼部吸引力，因為亮粉會反射光線並使眼睛突顯。

臉頰。腮紅是用來增添顏色，而非增加線條。別試圖將腮紅塗在顴骨上！先微笑，然後將輕柔的粉紅色或玫瑰色腮紅上在臉頰的蘋果部位，稍微增添色彩。

嘴唇。這就沒有什麼特殊原則了。就擦妳喜歡的顏色。（參考第18章，關於顏色的選擇及擦唇膏的祕訣。）

亞裔女性應該主張自己的美麗,而非模仿別人。

中東裔女性之美

中東裔女性擁有一種異國的美感，因為她們的膚色濃亮、深色眼珠充滿戲劇性、頭髮又深又漂亮。但就像其他人一樣，中東裔女性對自己的美也有明顯的抱怨。

遮瑕膏。這種膚色的女性最常有的抱怨之一，就是她們有很深的黑眼圈。而且由於妳的膚色獨特，妳所適用的遮瑕膏也有很清楚的原則，選擇黃色基調，但又帶有一點粉紅色的遮瑕膏，有助於刷亮深色的部位。擦上遮瑕膏後（請看第16章的祕訣），記得在眼睛下方和眼瞼上以黃色蜜粉定妝，進一步使這些部位更加明亮。

粉底。如果妳的膚色有點偏綠，妳需要好好實驗粉底的顏色。如果用到不合適的顏色，會使妳的膚色不自然而且呈現灰澀。錯誤的粉

底會拖累妳的肌膚，但是正確的粉底，帶有黃色基調的，會使肌膚平滑並顯光采。（請看第16章的粉底規則。）

眼睛。 妳的眼瞼底色應該使用暖色系，如焦茶色或蕉心白色，別用純白色。如果妳想強化眼部，眼線可以用黑色或黑煙霧晶炭色。使用黑炭色畫出眼睛內側的線條，可以更具戲劇性，但是也會讓眼睛顯得更小。然後用金褐色或深酒紅色增加深度。當然，還要使用黑色睫毛膏。

臉頰。 深色修容餅很適合當腮紅用，桃李紫色、葡萄紫色、深玫瑰紅色都很適合。

嘴唇。 深色唇膏很適合深色肌膚，尤其適合深藍或偏黑的嘴唇。最適合的顏色是巧克力色、甜莓色、葡萄甘色、酒紅色、金褐色、深玫瑰紅色、和深紅色。

拉丁裔女性之美

當我想到拉丁裔女性，我就想到獨具誘惑性和膚色健康的女性。我不知道那是因為她們的身材還是她們性感自信的態度。運用化妝來強調這些特點，實驗豐富的色彩和煙霧般的眼妝。就像所有女性一樣，拉丁裔女性的膚色從淺色、金黃色、到深色都有，一項適用於每個人的原則就是，確定粉底和妳的膚色完全相近，且選擇的顏色不會太亮。拉丁裔女性常常喜歡用過亮的顏色，粉底橘色太重、唇膏顏色太過紫紅、腮紅又太粉紅……，她們以為這些顏色最適合她們的膚色。其實更適合的顏色反而是自然色系，如褐色、桃李紫色、和深紅色系。

遮瑕膏。黃色基調的遮瑕膏是必要的。請依照第16章的原則尋找適合妳的顏色。

粉底。黃色基調的粉底是一大關鍵，但是請確定如果膚色是深色或古銅色，妳的粉底應該要是金黃色基調，才能毫無瑕疵地融入妳的膚色。

臉頰。如果妳的膚色較淺，選用柔和的柔粉紅色系。如果妳的膚色較深，請用桃李紫色或玫瑰紅色。離橘色系遠一點，因為這和妳的膚色太接近了。

眼睛。避免使用紫色系或藍色系眼影，看起來太具科技感。我的建議是準備兩個彩妝組合盤：一個是每天可以使用的中性色，如蕉心白色、金褐色、和褐色；另一個是比較流行的色彩，如藍濃色、銀色、巧克力色、或金色。

嘴唇。妳可能犯的兩大錯誤是：太亮的顏色(像紫紅色)和太深的唇線以至於無法和唇色相融。嘗試淺色唇膏和稍深色的唇線，兩者要能彼此融合。或是深色但有透明質感的唇膏，讓妳的自然唇色可以透出來。

非洲裔女性之美

黑種女性的膚色有很多種深淺變化，所以很難找出一個普遍適用的原則。我認識的黑種女性也有膚色比我淺的，有些人的膚色則接近深烈茶紅色，還有很多介於中間的膚色存在。妳的肌膚可能是妳最重要的資產之一，所以好好注重保養。找出適合妳的肌膚保養方式，讓肌膚能散發自然光采。（請看第13章了解肌膚保養。）試著了解那些妳可能認為是缺陷的特點，如豐潤的嘴唇，如果妳運用正確的化妝來補強，這會是妳最棒的特色。我總覺得很諷刺（且有點令人傷心），因為大多數白種女性總要我教她們如何把嘴唇畫得豐潤一些，而黑種女性則要我教她們如何把嘴唇變小。課題：欣賞妳所擁有的美麗！

遮瑕膏。使用黃色基調的遮瑕膏，之後再上黃色蜜粉，可以神奇地淡化黑色肌膚上的黑眼圈。（遵循第16章的規則。）

粉底。尋找適合黑色肌膚的粉底有點困難，但是，還好近幾年來許多化妝品牌開發了更多適合各種膚色女性的新系列。妳需要的是黃色基調的粉底，但要帶有一點橘色、紅色、或藍色調，取決於妳的膚色到底有多深。稍淺的黑色肌膚需要帶橘色或紅色調的粉底；深黑膚色則適合有點藍色調的粉底。妳的膚色可能不太均勻，額頭和臉頰的膚色會有點不同，所以妳可能需要做點實驗，將不同的粉底用在臉上的不同部位，或將兩種粉底混合出可以完美搭配的顏色。之後再撲上暖色系的蜜粉，一樣也要有黃色基調。決不可用質地透明的蜜粉！妳的臉會好像糊掉一樣沒有生氣。

臉頰。有些深黑色肌膚在不擦腮紅的狀況下顯得最美。或者只是用最深色飛霞粉餅稍微修飾。至於深到中間色肌膚，可以嘗試較深色修容餅或葡萄紫色腮紅。中間色到淺色肌膚則適合桃李紫色、玫瑰紅色、或粉紅色系。

眼睛。避免會和妳膚色爭寵的顏色。用藍色或綠色畫眼線可以突顯眼部。眼瞼可以用深且濃的顏色，較容易融入妳的膚色。巧克力

色、濃褐色系、駱駝棕色、焦茶色對妳來說都可以顯得很自然。妳也可以嘗試在眼瞼上亮粉，但是如果看起來有點蒼白的，則改用金黃色和古銅色。眼線則可用深於膚色的顏色，突顯妳的眼睛。

嘴唇。關於嘴唇，我所能給妳最好的建議是，試著喜歡妳的嘴唇！別老是想把嘴唇變小，因為，首先，這是行不通的，而且，豐潤的嘴唇是很美的。所有顏色幾乎都適合妳，從霧紅色到香檳紅色，祕訣在於選擇正確的顏色，才能強化妳唇部的自然色澤。如果妳下嘴唇的顏色比上嘴唇淡，妳可以在下嘴唇用透明的深色脣膏當底色，然後用平常使用的顏色擦在上下嘴唇。或是在這些顏色之間實驗看看。我覺得這樣就很美了。我也喜歡深色肌膚搭配淺粉紅色脣膏。祕訣是用深色唇筆描上唇線，試試葡萄甘色或巧克力褐色，然後設法使顏色融入肌膚。妳不希望太明顯的深色唇線畫滿妳的唇形。（有個好方法：如果妳找不到顏色夠深的唇筆，也可以用眼線筆。）如果妳還是希望把嘴唇變小一點，就將唇線畫在妳的自然唇線內側。

雀斑之美

我認為雀斑沒什麼不好，而且我不喜歡有些女性試圖遮蓋它們。這是沒有用的！所如果妳有雀斑，我建議妳擁抱它們，因為它們哪兒都不會去的！

遮瑕膏。請用黃色基調的遮瑕膏，而且只略比妳的膚色淺一點，並確使它完全融入妳的膚色。

粉底。想都不要想用粉底來遮蓋妳的雀斑。妳會看起來像抹了一層面糊！多數有雀斑的女性其實不需要粉底，因為她們的膚色不需要特別強調均勻。妳可以用粉妝條將鼻子周圍的泛紅部位或瑕疵遮蓋，潤色隔離乳最適用於這種膚質，因為可以有遮蓋性，但是由於質地透明，所以膚色和雀斑看起來都很自然。

腮紅。淺色飛霞粉餅或淺沙紅或淡茶紅色腮紅是最適合妳的顏色。避免桃李紫色、橘色、或粉紅色系。

眼睛。選擇溫暖而不蒼白的顏色。最好是金黃色系，如黃色、橘色、和紅褐色。

嘴唇。溫暖的紅橘色系很適合妳，或者如果妳的嘴唇是霧紅色，可以嘗試帶點褐色的焦紅色。

白皙膚色之美

要呈現白皙肌膚的美，祕訣就是展現原貌。別試著找日曬產品或修容餅或任何其他產品想要使膚色更深。效果可能不會太好，而且妳還是保持原來的白皙比較合適。妳最好少曬太陽，而且我相信妳隨時會記得擦防曬乳，所以妳的年輕才會持久。

遮瑕膏和粉底。妳很幸運因為妳可以用同顏色的遮瑕膏和粉底。一款瑭瓷白色的粉妝條可以遮蓋泛紅、黑眼圈、和其他瑕疵。而且妳的膚色不需要黃色基調的蜜粉。妳可以用白色蜜粉，但是量不需要太多。

腮紅。柔粉紅色或杏桃紅色很適合妳。避免任何帶有褐色系的顏色，這會讓妳看起來髒髒的。

眼睛。冷色系特別適合妳，如純白色、粉貝色、石版棕色、濃藍色、銀灰色，再搭配黑色睫毛膏。小心避免紅色系的眼影，會使妳顯得疲倦，尤其如果妳的眼周肌膚透著粉紅色。

嘴唇。柔和的粉彩色系、乾淨明亮的顏色，以及濃厚的酒紅色都適合妳。避開褐色系唇膏。

21 BEAUTY BY HAIR COLOR
不同髮色的美麗祕訣

妳的髮色會決定妳的彩妝顏色嗎？不見得，但是髮色扮演著一定的角色。當你搭配彩妝顏色時，妳必須考慮到所有因素，包括妳的髮色、膚色、眼珠顏色。如果妳還保有出生時的髮色，妳現在應該已經知道如何搭配妳的彩妝顏色了。麻煩的是當妳突然決定要將髮色做個明顯的改變時。如果妳一直是金髮，現在突然想變成淡黑髮，那妳平常用的彩妝顏色可能就不適用了。從黑髮轉變為金髮也是一樣的，任何才剛有灰髮或白髮的人也是同樣的狀況。

甚至細微的髮色變化也可能造成極大的影響，影響妳的整體外型、影響適合妳的衣服顏色、或彩妝顏色。像我自己，每年夏天我會在我的褐髮上挑染金黃色，所以我的彩妝顏色會偏向粉彩色系，跟我髮色較深時不太一樣。關鍵在於注意妳的髮色(自然髮色或新近才改變的髮色)如何反映妳的外型。

當妳改變髮色後，妳會注意到的第一件事情，就是妳的眉色已經不再搭配妳的髮色了。如何處理將是關鍵。沒有什麼是比顏色不搭還要糟糕的了，例如一個有白髮摻著金髮的女性卻有深褐色眉毛。如果妳在美容院染髮，記得請設計師也連眉毛一起染。自己染有點困難，不過妳還是可以這麼做，只是要小心讓染髮劑遠離妳的眼睛(染眉毛的用量不需太多)，然後多做實驗，看看到底需要染多久才能達到妳想要的顏色。如果你不確定，寧願早一點把它洗掉。如果眉色不是妳所期望的，妳總是可以再染一次。

甚至細微的髮色變化也可能造成極大的影響。

請問專家

蘇珊娜羅馬諾Susanna Romano，紐約市AKS沙龍總經理，回答最常見的髮色問題如下：

我怎樣才能知道一款新的髮色是否適合我的膚色？

妳需要先仔細看看妳的髮色（理想上最好有專業染髮師的協助），找出自然存在於妳頭髮中的顏色。例如，如果你有深髮色且不帶金色，而妳又選擇染金髮，那可能就會很不自然。但是如果妳的髮色中有一點古銅色，妳就可以選擇紅色系或褐色系。

我什麼時候可以開始染髮？

這個問題沒有正確的答案。許多女性把髮色看作另一個美容的項目，像變換唇膏顏色一樣，想換就換。有些女性則是當灰髮開始冒出來時，用染髮來遮蓋。還有些女性就算髮色開始轉灰，仍然偏好維持自然髮色。沒有人規定妳必須遮蓋那些早現的灰髮，而大部分女性則是在30、40歲時（甚至50歲）會在頭髮上增添一點顏色，會顯得更年輕。

染髮的保養頻率應該如何？

這答案因著妳想要改變的程度大小會有很大的不同。如果妳只是想在髮際局部挑染，一年可以只做3到4次。但是如果妳從深髮色轉變為金髮，這就是個嚴肅又需要高度保養的承諾，而且大約每4個星期就得補染。

如果我想在髮色上做明顯的改變，但又不至於太過強烈，我有什麼選擇？

妳不需要全部染成新的顏色。如果妳只要細微的改變，或者只是想遮蓋稀疏的灰髮，我建議妳用和妳髮色同色系，或稍微淺的顏色做挑染。如此一來妳的臉色會顯得比較明亮，保養上又不會太困難。

什麼是女性染髮所會犯的最大錯誤？我又該如何避免？

有太多女性過度染髮，染得太黃或改變了髮質，結果是導致髮質變

得非常乾燥，失去原來的光澤和彈性。把頭髮中的顏色去掉（漂白髮色就是如此）會把頭髮的含水性破壞，所以妳如果想從深髮色染成金髮，必須注意妳的頭髮需要額外的滋潤和護理。

當我年紀漸增，我需要染亮我的髮色嗎？

是的，大多數年長女性如果擁有很深的髮色，會顯得很嚴肅，即便那是她們年輕時的自然髮色。這不是要妳老了以後染成金髮，而是該規律性地重新評估妳的髮色，確保髮色搭配妳的膚色、眼珠色、和眉色。

怎樣才能讓染髮後的髮根長出原本的灰色，但又不顯出兩種截然不同的顏色？

有幾個方法可以減緩這個過渡期。首先，選擇一個可以遮蓋髮根的髮型。把頭髮剪短一點，修出層次，不要太突兀的髮型，如此可使整體的效果比較柔和，髮根也不會那麼明顯。妳也可以用潤髮乳增加頭髮的光澤，而非顏色，並使髮色閃亮，髮根比較輕。而當妳的灰髮漸增，妳可以反挑染，在髮際染上妳的自然髮色。這樣可以使整個過程不那麼劇烈且明顯。底線是，妳不需要為了讓頭髮長出灰色，而對染髮望之卻步。

我不想遮蓋我的灰髮，但是我希望它看起來比較有生氣。我該怎麼辦？

如果妳有椒鹽色的頭髮，妳可以反挑染。與其在髮際做淺色挑染，妳可以染成深色。如此即可擁有較多黑胡椒色而不是白鹽色。這樣顯得很自然，而且不會影響妳的髮色。如果妳的白髮有點偏黃，妳可以使用顯亮型洗髮精，把白色加亮，黃色變淡。由於灰髮比較乾燥，偶爾可以做深層潤髮，恢復頭髮的光澤。

大多數年長女性如果擁有很深的髮色，會顯得很嚴肅，
即便那是她們年輕時的自然髮色。

不同髮色的彩妝顏色搭配

髮色	眼睛		嘴唇		臉頰	
金黃色	米白	灰褐	透明粉紅	中粉紅	透明粉紅	玫瑰粉紅
	淺粉紅	黑煙霧	新芽粉紅	柔和中性色	帶褐粉紅	透明桃紅
淺黑色	米白	中褐	粉紅褐	桃李褐	玫瑰粉紅	帶褐粉紅
	摩卡	烈茶紅	透明紅	柔和中性色	玫瑰褐	透明粉紅
紅色	米白	鮮苔綠	淺桃紅	透明淺褐	中褐	玫瑰褐
	橙茶	紅褐	帶褐粉紅	巧克力褐	淺橘褐	杏紅
灰色或白色	純白	銀灰	霧紅	珊瑚	玫瑰粉紅	透明桃紅
	石板棕	濃蘭	亮粉紅	中粉紅	帶褐粉紅	透明粉紅

改變我

對我來說，化妝不見得是要做劇烈改變。許多女性常會驚訝地發現，原來某些明顯的改變其實來自於一些簡單的調整，例如顏色正確的遮瑕膏、頭髮稍微挑染、或者比較討好的唇膏顏色。當我們年紀漸增，很容易就會陷於習慣之中。然而不論一款髮型或化妝在15年前多麼好看，現在都該改變一下了。和妳的髮型師討論看看新的髮型或髮色，並到化妝品專櫃嘗試一些妳平常不用的顏色，妳會訝異於一些細微改變所能造成的效果。

我們的模特兒光是上遮瑕膏和粉底就很漂亮(左頁小圖)；但是玫瑰紅色腮紅和柔和的粉紅色唇膏，馬上就讓她的臉色亮起來，呈現健康亮麗的光采(大圖)。到了夜晚，可以嘗試一些大膽的顏色(右圖)，但是只侷限在一個部位就好！

當我們年老，膚色會顯得不均勻。為了
要創造肌膚光滑的幻覺，我將遮瑕膏塗
在珍的眼下，然後用透明粉底塗滿臉部
其他部位，只要能使膚色均勻即可。我
還將她的眉毛形狀和眉色加深，並將她
偏亮的唇膏顏色改成比較暖色系的玫瑰
紅色。

艾芙琳(我的婆婆)臉上的妝，說明了一
些基本的改變即能創造很大的不同。透
過修剪髮型、把頭髮吹直、她的臉整個
亮了起來。然後藉由好看的腮紅、亮光
唇膏、和眉型的塑造，整個人就徹底改
變了。

茹絲大約20年沒有改變過造型了，所以我們決定現在應該是她把馬尾巴去掉的時候。剪髮對她而言是個大改變，而且這樣的改變通常也需要搭配新的化妝。由於新髮型使她的眼睛成為焦點，我把她的眉型修過，眼瞼塗上中性色，並在眼瞼的上側和下側加上深一點的顏色。

法蘭西絲換上比較時髦的髮型後，馬上變得年輕起來。雖然亮顏色適合任何年齡，小心別太過大膽，桃紅色唇膏被我換成比較溫暖的玫瑰紅色，比較適合她的臉。

吉娜的臉素淨就很漂亮，但是只要上一
點自然的妝(遮瑕膏和粉底將膚色調和
均勻)，她馬上顯得神采奕奕。

下圖，夜晚時我稍微強調色彩，在眼影
加了亮粉和黑煙霧色，再搭配唇蜜。

安娜不化妝的時候很美(她是個模特兒！)。但是夜晚來臨時,甚至最美的臉也需要正確的化妝來顯得更為亮麗。我用金黃色基調的粉底調和她的膚色,刷上自然粉紅色系的腮紅,再畫上黑煙霧眼妝。

至於朗雅娜,我用了略帶粉紅色的黃色基調遮瑕膏,去除她眼下偏綠的黑眼圈。金黃色粉底使她的膚色顯得溫暖,並遮蓋灰色調。以飛霞粉餅取代腮紅很適合深色肌膚的她,可增添溫暖的色澤,而且我用了黑煙霧眼線筆來突顯她的眼睛。

各種場合化妝法

我並不是要妳在生活中每個不同的場合都畫完全不同的妝,但是有些特定場合確實需要畫比平常要深一點或淺一點的妝。妳還是希望看起來像妳自己,但是如果妳要去一個工作的面試、參加婚禮、或是打高爾夫球,妳還是需要變化稍微不同的造型。

面試化妝

第一印象很重要,所以保持簡單。許多年輕女性參加面試時常犯一個錯誤,不是沒化妝(以為會讓她們顯得比較嚴肅),就是畫過頭(以為會讓她們顯得比較世故)。最理想的化妝是介於兩者之間。妳可不希望面試妳的人,把注意力放在妳的桃紅色口紅,而不是妳的履歷或妳說的話上。我能提供最好的意見就是,少就是好。妳的化妝不應該和妳爭搶吸引力。意思是說,盡量使用平常習慣的中性色,避免太亮或太過。確保指甲是乾淨的,可以塗上淡色指甲油保持指甲完整性。當妳抵達面試地點,整理一下自己:到洗手間補一下唇膏,確定每個地方都很整齊,然後深呼吸,放輕鬆。

面試化妝秘訣

★ 保持肌膚簡單，意思是別上太多粉底，只要足以遮蓋瑕疵、泛紅部位、並使膚色均勻即可。

★ 跳過強烈、亮色系、或含有亮粉的眼影。眼瞼請使用中性色，如橙茶色、石板棕色、亞麻色、或焦茶色。黑色眼線筆只適合晚上用；面試時適合的顏色比較中性，像是褐色眼線。

★ 造型的選擇根據妳所要去面試的公司而定。

保守型(律師事務所，金融業，大型企業)選擇古典簡單的衣著。
至於化妝，妳需要簡潔專業的造型，並且不要過度。使用遮瑕膏和粉底、眼線筆、腮紅、中性的唇膏顏色。頭髮不管妳是自然放下或是梳在後面，都必須保持整齊。髮型不應該太過流行，或明顯上了很多髮膠。

創意型(精品業，美容業，設計業，零售業)。 妳希望塑造簡單的形象，但是一定要有型。讓妳的品味和風格決定妳的穿著；妳希望顯得跟得上流行，但又不至於像個流行犧牲者。彩妝顏色的選擇可以比較有冒險性，但是記得，這不是一個雞尾酒會。黑煙霧眼妝和閃亮的蜜粉留著晚上再用吧。

半正式型(老師，科技業，公益事業單位)這不表示妳可以穿牛仔褲和T恤。 確定妳的服裝整齊、乾淨、合身。用粉妝條遮蓋瑕疵並調和膚色，再加上暖色系腮紅和中性色唇膏。

晚妝

夜晚來臨，可以稍微增加化妝的強度。 完美的晚妝可以讓妳呈現原來的自己，但是會使妳顯得更美。夜晚的光線比較柔和，所以妳可以畫濃一點或亮一點的妝，否則會看起來沒有光采。我最欣賞的晚妝之一是卡洛琳畢賽甘迺迪Carolyn Bessette Kennedy。她的臉和頭髮造型非常簡單，她只是擦上比較戲劇化的紅色唇膏。當然，不是每個人都適合如此打扮，但是每個人都可以遵循同樣的原則：

選擇一個部位變化一點花樣，但是保持其他部位乾淨簡單。確定妳的粉底和腮紅足以為妳的臉部帶來活力。妳可以用妳日常使用的粉底，但是選擇一款比平時稍亮的腮紅。然後決定妳是否想在眼部或嘴唇上做變化。別兩樣都做。如果妳想要比較強烈的眼妝，唇色的選擇就應該柔和一點。或者眼妝簡單，採用大膽的唇色。我個人比較偏愛強調眼妝，保持嘴唇簡單。這樣的外型很美，化妝時也不會太複雜。當妳的嘴唇顏色很亮或很深，妳每喝一口飲料就會掉色。所以與其每十分鐘就到洗手間補一次妝，我寧願畫一個不怕唇部掉色的妝。（請看第17章了解眼妝技巧。）

晚妝祕訣

★ 務必用遮瑕膏明亮眼部。
★ 加一點亮粉在眼或唇部是妳可以讓眼妝特別的最快方法。
★ 選擇比平時稍重的唇膏顏色，創造戲劇性。如果白天妳喜歡甜莓色唇蜜，夜晚時就可以改用比較深一點的酒紅色。
★ 別忘了妳的膚色。如果妳的頸部和前胸空著沒有東西，可以上一點飛霞粉餅，從下巴開始上到前胸。
★ 為臉頰創造自然光澤，選擇霜狀腮紅畫在臉頰的蘋果部位，再加上亮色的粉狀腮紅。也可以嘗試用含有亮粉的腮紅，讓臉頰創造閃亮的感覺。
★ 刷上兩層深黑色睫毛膏。
★ 把早上清新的淡香水換成基調溫暖性感的香水。

運動化妝

活躍的化妝表示少量的化妝。當妳運動時，就算一點點妝也會顯得很多。如果妳會在戶外，最重要的就是防曬乳。我個人最愛的防曬乳是牛蛙牌BullFrog。完全防水又不油膩，而且防曬效果很好。我也愛用香蕉船牌Banana Boat。（但是，這兩種都不適用於化妝前，只適合去海灘或戶外活動時使用。）如果妳從事的是劇烈運動，而且流汗量大，妳不需在塗防曬乳後還上妝。但是如果妳是去打高

爾夫，而且需要在中間午餐時仍然看起來光朵亮麗，妳就需要一點淡妝。妳可以嘗試使用有防曬效果的潤色隔離乳，因為質地比較清爽，看起來也比較自然。然後擦上同樣有防曬效果的淺色唇膏，一點腮紅或飛霞粉餅，最後是防水的睫毛膏。至於冷天氣的活動如滑雪，妳需要的更少。但是妳還是需要保護妳的肌膚。許多人以為如果不是夏天，也不是去海邊，就不需要擦防曬乳了。這是錯的！如果妳在高水平線的地方，就算是陰天，還是會有大量日曬。使用有防曬係數30以上的強效隔離乳。隨身攜帶一款粉妝條在口袋裡。只要在眼下或任何部位擦上一點，當妳在一天結束從滑雪坡道滑向小木屋時，就可以感覺更好。

照相化妝

在相片中顯得美麗。許多女性會犯的一個普遍錯誤，就是在照相時妝畫得特別濃，但是並沒有在事前想清楚到底自己在做什麼。如果妳要照相，先想清楚這張相片是要做什麼用：是妳女兒的婚禮要用；妳的護照要用；還是放在公司簡介上……，而且妳希望每年再看到這張照片時會有什麼感覺。即便我只是為了辦駕照或辦健身房識別證而照相，我還是會做三件事：遮瑕膏、腮紅、唇蜜。就這麼做吧，我保證妳每天把那張照片從皮夾裡拿出來時會比較開心。

燈光扮演很重要的角色，它可以使妳在照片中看起來動人，也可以使妳看起來嚇人。而且妳在化妝時應該把燈光列入考慮。如果照片將在室外拍攝，請避免選擇中午進行。中午的燈光是最糟的，因為會在臉上造成陰影，並使黑眼圈及其他瑕疵更明顯。最討喜的時間是傍晚5點左右，當太陽即將下山的時候。每個人在此柔和的燈光下都很漂亮。戶外照相一定要化妝，但是不要過度。在自然燈光下，一點妝感覺會好像很多。至於室內照相，妳必須把閃光燈的因素一併考慮。閃光燈會強化粉紅色調，所以確定只用黃色基調的粉底和蜜粉。避免含有二氧化鈦（防曬乳普遍含有的成分）的粉底，因為它們容易呈現糊狀，讓膚色顯得蒼白，而且二氧化鈦在相片中還會有反光的作用。

照相化妝祕訣

★ 避免過度滋潤。滋潤透水的肌膚(我通常很喜歡的)在照片裡會顯得泛油光。尤其特別小心T字部位：前額、鼻子、下巴。要避免這種狀況，可以在上粉底之前使用控油乳液。

★ 避免霜狀配方的唇膏或太多亮粉的眼影，會反光並在照片裡顯得太亮。

★ 將唇型和眼睛線條強調，但是避免太深的顏色，而是選擇比日常唇膏再深一點的顏色。例如，選用比唇膏略深的唇蜜或唇筆。

★ 黑色眼影如同眼線，對大部分日間照相來說顏色都太深了。可以選擇深色眼線筆，如烈茶紅色或濃藍色。妳也可以採用黑煙霧眼妝，但是別太戲劇化。妳可以上兩到三層同色系但不同色的眼影，但是盡量接近睫毛。

婚禮化妝

在說「我願意」前該做些什麼。婚禮化妝應該比較特別，但是不應該是一種偽裝。在妳婚禮這一天，妳希望看起來像妳自己，但是是最閃亮美麗的妳。就像好的晚妝，妳在婚禮當天的妝應該像妳平常的妝一樣，只是稍微有所強調。唇色稍微亮一點，玫瑰紅色多一點，漂亮的腮紅讓妳的膚色更健康一點(如果妳膚色白可以用粉紅色，膚色深則用桃李紫色)，還有細緻的眼妝。這個場合不適合太過流行的化妝法；當妳未來再看妳的結婚相簿時，妳希望相片中的妳是永恆的，而不是流行的。

婚禮化妝祕訣

★ 在婚禮前先試妝一次。如果有不完美的地方，妳還有很多時間可以調整或買新的顏色。

★ 設法讓妳的化妝可以持續到婚禮結束，用蜜粉徹底定妝、刷防水性睫毛膏，並用唇筆畫唇線並填滿唇部。

★ 塑造細緻的眼妝，但是使用柔和的顏色如米白色或純白色強調眼睛，用中晶炭色或濃藍色畫眼瞼。

★ 準備主要的化妝品以備補妝之用：遮瑕膏、透明粉餅、唇膏、唇筆、唇蜜。

美麗危機：
狀況不好的即時補救之道

我最喜歡的美容格言是：「最棒的化妝品就是快樂。」如此真切。
但是讓我們面對現實，不論快樂與否，有些日子當妳一起床，妳的
身體或心理狀況就很糟糕。以下是我偏愛的一些補救之道，可以在
情況糟的時候仍然為妳憑添美麗。

佩帶粉紅珍珠項鍊。珍珠的閃亮光澤總是讓肌膚顯得更有光彩。而
且粉紅色珍珠的效果甚至更好。

增添色彩。法國藍對我就很受用。我穿這個顏色的衣服總是會得到
最多讚美。知道妳合適的顏色是很重要的。我保證妳讚美會從四面
八方湧向妳。如果妳不確定什麼顏色適合妳，就穿粉紅色。粉紅色
會映在妳的臉上，立刻使妳的肌膚看來清新漂亮。

基本黑色。我知道我才說過該穿有顏色的衣服，但是有些時候當妳
覺得心情不好，妳寧願沉默在人群中而非突顯自己。或者當妳覺得
有點浮腫，妳希望妳所信賴的黑色褲子會讓妳顯得瘦一點。

我偏愛的一些補救之道，可以在情況糟的時候仍然為妳憑添美麗。

嘗試珠寶的效果。合適的珠寶效果很好，因為會把注意力從妳的臉
部轉移。當妳沒有時間化妝時，一副好的耳環可以是完美的配件(和
分散注意力的祕訣)。

漂白牙齒。這可以讓妳的外表創造天壤之別，點亮妳整個臉部。漂

白牙齒有很多方法。妳可找牙醫師做好漂白牙套，在幾個晚上的療程中就可以將牙齒漂白。雷射是比較昂貴但是快速又有效的方法。一個午餐的時間就可以搞定。這兩種方法都會暫時使牙齒比較敏感，而且兩者都不是永久有效（尤其如果妳喝茶、咖啡、或紅酒），不過我還是覺得很值得。

戴上帽子。我的意思不是就隨便把棒球帽戴在頭上，雖然這在我無法可施時曾經救了我無數次。但是一頂有型的帽子是個遮蓋頭髮狀況奇糟的絕妙方式。還甚至讓妳立刻顯得優雅起來。

換個新髮色。無論妳是很劇烈的從淺黑髮染成金髮，決定遮蓋妳的灰髮，或只是想局部挑染，為頭髮增添色彩可以使妳的臉部馬上展現活力。（只要確定妳的化妝也要跟著改變，請看第21章的祕訣。）

梳上馬尾。如果妳的頭髮夠長，妳可以在狀況糟的時候嘗試梳馬尾，就不需要擔心如何讓頭髮的狀況改善，而且把頭髮往後梳等於是一次迷你拉皮。

製造日曬膚色。如果妳的膚色有時看起來灰灰的沒有生氣，製造日曬的色澤是最快的甦醒方法。粉狀飛霞粉餅是讓疲憊肌膚恢復生氣最簡單又有效的方法。妳必須先選擇適合的顏色（不能太偏橘色或閃著亮粉），刷在平常太陽照射到的部位，包括妳的臉頰、前額、鼻子、和下巴。使用仿曬霜，從乾淨的肌膚開始。我喜歡在晚上睡覺前擦，一早起來我就可以看到更美的自己。整個臉部都要擦，避開眼睛周圍。有一點很重要，記得要擦在頸部和耳朵上，這樣才顯得自然。別一下子擦太多。如果顏色不夠深，我寧願一個鐘頭後再上另一層，才不會一下子弄得顏色太深又不自然。之後別忘了洗手！留下痕跡的手掌（或手指之間）就是仿曬霜新手的記號。如果妳把仿曬霜塗在身上，記得全身都要塗到，因為妳可能看不到妳的背部，其他人可是看得到的。如果沒塗好，顏色太深或留下明顯的條紋，妳可以趁洗澡時使用去角質霜，幫助顏色早點褪掉。記得妳可能需要兩種顏色：一種適合夏天用，一種顏色稍淺適合冬天用。

滋潤，滋潤，滋潤。 保濕是妳肌膚狀況不好時的一大關鍵。喝大量的水，塗大量的乳液。一款高效的乳液可以平滑妳的肌膚，把歲月的痕跡都帶走。別怕油膩！除非妳的肌膚本身就是油性，但是，妳應該感到幸運，因為妳的肌膚還能保有年輕的濕潤感，而這是乾性肌膚的女性所急於再度擁有的。

讓自己香噴噴。 光是簡單的噴噴香水，就可以讓自己在狀況不好的一天中情緒很快好起來。或者嘗試芳香療法。妳也可以用香氛蠟燭，把精油擦在身上或泡澡時使用，甚至使用含有一點精油的蜜粉。不同的香味有不同的效果：當妳感覺壓力沉重，薰衣草可以鎮定；早上的薄荷可以讓妳甦醒有活力。我喜歡玫瑰精油，因為讓我想到我那常戴著玫瑰花的祖母。香氛可以是很有力的記憶開關，所以找尋一種可以引發妳愉快記憶的香氛，是很棒的一件事。

別忘了遮瑕膏。 這是妳最需要遮瑕膏的時候。如果妳有嚴重的黑眼圈，妳可能無法完全遮蓋，但是會有很大幫助！記得要塗到眼窩內側（讓眼睛更顯神采），而且如果感覺肌膚乾燥，就不需再上蜜粉。（請看16章的更多祕訣。）

用腮紅為雙頰增色。 我堅信當妳的狀況不好時，如果又化濃妝會是個極大的錯誤。妳可能以為這樣才能遮蓋妳的負面狀況，但事實上，反而使妳變得更糟。怎樣才有幫助？一點腮紅。選擇一款溫暖的粉紅色調，可以立即讓妳的臉充滿活力。

夾捲妳的睫毛。 最疲倦的眼睛也能因此顯得更有精神（就算之後妳不刷睫毛膏）。祕訣在於將捲毛器夾緊妳的睫毛，閉上眼睛，持續夾緊10秒鐘。

藏在眼鏡後面。 一副有型的鏡框在狀況糟的一天是很方便的。當我特別睏的時候，我戴上眼鏡遮住疲倦的雙眼。如果妳戴眼鏡，就可以省略眼妝。只需刷上一點睫毛膏讓眼睛有神。

做運動。

讓血液流動絕對能讓妳更漂亮，心情更好。就算妳只能抽出時間在附近走走，還是可以為妳的臉增色。我發現只要我好好運動，我就可以幾個鐘頭不需要化妝。

泡澡。容許自己泡20分鐘澡，最好能在浴缸裡放入芳香精油，這會是恢復活力的最佳方式。

整髮。

如果狀況不好的癥結是在頭髮，那就值得好好到美容院洗個頭。妳總是可以在沒有預約的情況下走進美容院，半個鐘頭後走出來覺得自己煥然一新。

嘗試透明唇膏，唇蜜，或裸唇。

當妳想要更有精神，但卻又沒有時間打扮，擦上唇膏或唇蜜突顯妳的嘴唇，並增加柔和的光澤。記得，裸唇不表示蒼白；而是表示選擇一款接近自然唇色的唇膏。

補充巧克力。

OK，或許一塊巧克力並不能幫助妳看起來比較漂亮，但是會讓妳心情比較好！稍微放縱自己一下。

如果所有方式都沒有幫助，別再抵抗了。就承認妳真的有個糟糕的一天，然後忍受它。很有可能，明天妳就好了！

如果妳生病了，嘗試濃妝反而會適得其反。妳希望的是：大量滋潤和少量的彩妝。如果妳感冒了，妳鼻子周圍的肌膚自然會變乾燥而且泛紅（不管妳用的面紙多細，還是會傷到妳的肌膚）。妳可能需要比平常還滋潤的乳液來應付，無論是超滋潤眼霜，甚至凡士林也可以，然後用粉妝條遮蓋泛紅部位（並帶在身上隨時補妝）。再塗上一點粉紅色腮紅，和透明唇蜜或護唇膏，但是不需要眼妝（一層睫毛膏就足夠了）。

一副有型的鏡框在狀況糟的一天是很方便的。

細紋，細紋，細紋：
學著喜歡它們(或是甩掉它們)

我喜歡女性臉上的細紋。我心目中的典範女性都很驕傲地看待自己的細紋。我記得當我剛過30歲的時候，我看到一張黛伯拉溫姬的黑白照片，微笑得很燦爛，然後我看到她眼角棒極了的細紋。第一次我覺得，真好，年紀大我也不怕，也依然可以美麗。事實是，細紋屬於我們的臉，就是我們牽動臉部，表達感情，對事情有所反應，或是表達自己的結果。這是為什麼我們稱這些細紋為笑紋、抬頭紋、或皺眉紋，因為這些都是當我們在做這些動作時的自然結果。當然，雖然妳無法抗拒年齡的影響，妳還是可以保護它免於環境的傷害。(請看第13章防曬祕訣。)

芭比的防皺化妝祕訣

是的，我相信臉上的線條可以是美麗的，就像臉上其他特徵一樣。我們可以運用細緻的化妝讓這些紋路更為討喜：

★ 肌膚徹底保濕。定期去角質(用溫和的磨砂膏或果酸乳霜)可以幫助老死細胞層層去除。之後的徹底滋潤將是最有幫助的，使肌膚豐潤，細紋自然就消失了。

★ 使用霜狀配方的遮瑕膏、粉底、和腮紅，能進一步幫肌膚保濕，而且也不會卡在細紋中，反而更引人注意。

★ 為臉頰增添色彩。嘗試用霜狀腮紅，再將粉狀腮紅用來幫助腮紅持久，並讓妳的外型更顯得柔和。

★ 至於嘴唇周圍的細紋，重點就是保持滋潤。使用高效護唇膏或甚至眼霜，保護嘴唇及周圍的肌膚。別想用粉底遮蓋這些細紋，而是用霜狀唇膏和搭配的唇筆來避免唇膏暈開，滲入細紋中。

醫生能有什麼幫助？

有很多非手術的技巧可以減緩老化的跡象，而不需借助具侵犯性的整形手術，而且有些只需要一頓中飯的時間就可以完成了。但是如同大多數情況，適度與否是個關鍵。一個小型手術有可能變得很複雜，妳得確定妳的臉還是原來的妳，只是變得比較美一點。而且謹記，沒有手術是便宜的；即便各地的收費標準不一，妳有可能需要為這些手術付出好幾萬元。皮膚科醫師珍妮道尼解釋說：「要藉助這些沒有侵犯性的技巧讓自己更顯年輕是可能的，但我的意思不是說妳能將臉上的歲月痕跡完全抹去，只能抹去一部分！」以下是她為她的病人提供的幾項選擇。

化學換膚。醫師採行的化學方法，作用上類似日曬的作用。在為期幾天的療程中，皮膚會起泡脫落，露出新的、沒有細紋的內層皮膚。日曬傷害較輕微的年輕女性，可以經由6至10次（一個月一次）的溫和換膚將老死皮層剝落，使細紋不再那麼明顯，膚色也趨於光滑。之後每年必須進行3至4次換膚來維持效果。

優點：對於使膚質平滑，並改善膚色，這是最好的方式。也可幫助細紋的淡化。

缺點：如果療程過久，有可能刺激肌膚。如果是由缺乏經驗的醫師進行，有可能造成永久性的疤痕及膚色改變。

雷射美膚。雷射是含有高密度的光線，可以蒸發皮膚，並刺激皮膚產生膠原蛋白以增加緊實和彈性。雷射美膚可以用來減緩或去除細紋，去除老人斑，處理疤痕，除掉刺青。這種方法適合淺膚色的女性，因為它有可能造成深膚色的女性膚色不均勻。過程通常需要3至5年，許多醫生還提供輕微的「午餐雷射，」但是如果要讓深沉的皺紋或深色疤痕達到明顯的去除效果，可得大費周章。

優點：雷射處理可以去除明顯的日曬傷害。

缺點：妳必須忍受處理部位的淤青達7至10天。對於全臉都做的女性，可能手術後的3至6個月臉都是粉紅色的。

保妥適(Botox)。是肉毒桿菌的簡稱，是和導致肉毒菌食物中毒的物質一樣。肉毒桿菌是以極少量注射到臉部肌肉，使肌肉鬆弛的一種方式。舉例來說，如果是注入妳的眉毛之間，使妳皺眉的肌肉就會停止運作。而當妳無法皺眉，眉頭的皺紋自然就會趨緩而慢慢消失。但是，效果是暫時的；肌肉停止運作的結果只會持續3至4個月。這種方式比較常用在額頭和眼角的皺紋。

優點：淤青的狀況比較輕微；這種方式既簡單又快速。

缺點：由於這種方式的效果只能持續幾個月，所以會變成昂貴的癮。而且，因為針頭必須直接注射到肌肉，是很痛的(雖然只是幾秒鐘)。另外，雖然不是很常見，但是有可能使妳的眼皮暫時下垂(可能持續2個禮拜)。所以，手術之後必須將頭持續抬高4個小時。

膠原蛋白。這是一種提供肌膚緊實的蛋白質成分，我們的體內會自然製造，但是當我們年老，就會製造得愈來愈少(這是肌膚為何不再像年輕時豐潤的原因。)大多數用來注射細紋部位的膠原蛋白來自於牛。通常，要填滿細紋，一連串的注射是必須的，而效果能維持約4個月。(一種比較持久的新合成膠原蛋白叫做阿提歌Arteco11目前正在測試階段。)

優點：立即見效。

缺點：妳必須找真正的專家進行這種手術；缺乏經驗的醫師可能會遭遇複雜嚴重的情況(如注射到血管)。

磨皮手術。醫師用快速轉動的金屬刷磨去肌膚表層，對治療青春痘或水痘疤痕、細紋、或膚色不均勻都很有效。治療後，皮膚會紅腫，但是在2至3周後即可痊癒。由於磨皮後新長出的皮膚非常敏感，妳在治療後幾個月內必須避免陽光照射。對於比較輕微的皮膚表面問題，有一種類似但比較溫和的方式，叫做微晶磨皮。這種方式可以去除細紋，不過紋路遲早還是會有重現的一天。

優點：可以將小區域的傷疤去除。

缺點：有感染的危險，而且治療的部位顏色可能不會再和臉部其他部位相同。

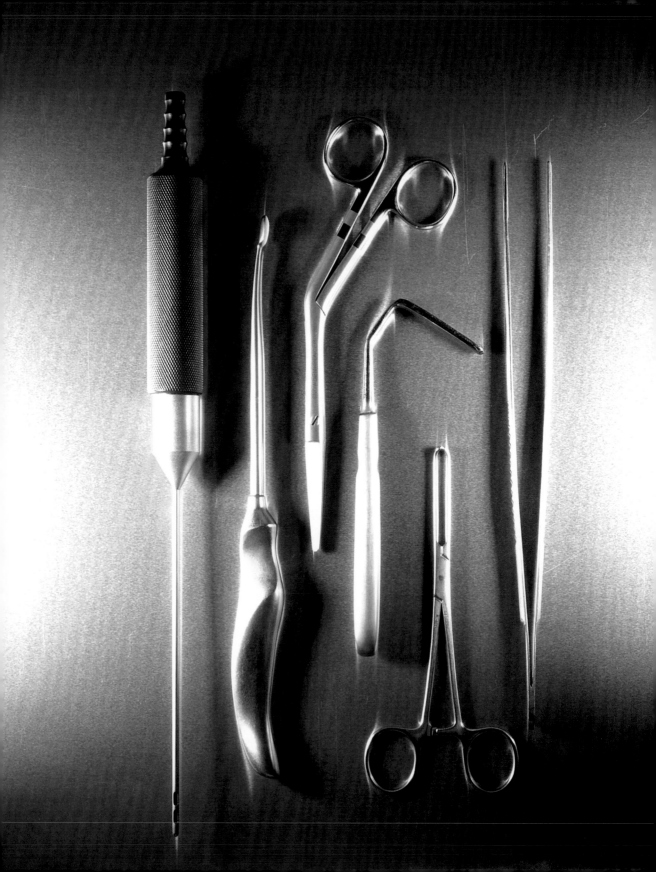

整形手術：
妳需要事先知道些什麼

我不會說我完全反對整形手術，我也不會說我完全贊同。我覺得有這樣一種選擇很好，而且我確實看到奇蹟發生在某些人身上。然而，我也看得出來有人就是動過整形手術。在明顯的改善和虛假、不自然、且緊繃的外表之間，存在著一條細微的界線。底線是，如果你決定要進行任何形式的整形手術，妳不能期待結果一定是完美的。妳會留下疤痕，恢復過程可能很痛苦，妳可能也會不喜歡新的外表。這些都是在妳選擇進行整形手術之前，所必須認真考慮的。

如果我們能夠更習慣自己自然地老化，我們就比較能夠接受自己，也不會在看到第一條皺紋的時候就急著去動手術。我知道對於演員、新聞主播、或其他靠臉蛋生活的人（我很感謝我的職業不需如此！）來說，去除老化的記號是很重要的。但是別在電視上看到這些人，就以為他們的老化是最理想的。他們看起來是很美麗，但是當你面對面看著他們（尤其當他們沒有化妝時），他們通常看來就是動過多次手術。所以記得當你要進行像整形手術這麼極端的過程時，大部分的人都看得出來的，他們不會相信你只是換換髮型就能變得這麼美！

> 在明顯地改善和虛假、不自然、且緊繃的外表之間，
> 存在著一條細微的界線。

我不會告訴你別去動整形手術。我只是說你應該先考慮其他方式，而把整形手術當做最後的選擇。先做功課，了解各種方式的優缺點，別急著去執行，而且對結果要有實際的期待。你也應該要知

道，有時候正確的化妝其實可以改善你所謂的瑕疵，可能讓你改變整型的決定。

與整形效果一樣好的化妝祕訣

★ **滋潤！**維持肌膚的保濕性可以讓肌膚顯得豐滿、滋潤、又緊實（並撫平細紋）。

★ **使用霜狀產品**。把妳化妝包裡任何無油性的化妝品丟了吧！也減少使用粉狀配方的腮紅和眼影。霜狀配方的化妝品不僅容易融入肌膚，也比較不會顯現皺紋。

★ **使用腮紅**。色彩可以使臉頰呈現光采。

★ **塑造眼部輪廓**。正確的眼妝可以使下垂的眼瞼不那麼明顯。避免用深色眼影在整個眼瞼上，而是選擇比較中性的顏色；然後用米白色眼影畫在眉下，使眼睛有上揚的感覺，並且更有神。

★ **有疑慮，就轉變焦點**。如果額頭的細紋讓妳困擾，就把焦點集中在眼睛。如果眼角的細紋使妳發瘋，就簡化眼妝，用唇蜜把焦點從眼部轉移。

做功課：整形手術之前你應該知道些什麼

★ 別完全依賴朋友的建議。雖然朋友的就醫經驗通常很有幫助，但是妳的結果不見得會和朋友的結果一樣。而且，別被亮麗光鮮的雜誌上提供的醫師建議給迷惑了。這有可能是醫師的技術很好，也有可能是醫師擁有優秀的公關人員。重點在於自己一定要事前做功課。

★ 別只看價格。整形手術有可能非常昂貴，也不太可能為了競爭而降價。而高價位的手術也不見得就保證完美的結果。

★ 確認妳找的整形醫師是否有專業證照。

★ 詢問醫師是否擁有附近醫院的手術權。雖然妳是在整形醫師的診所內動手術，但是確認妳的醫師是否有權利在附近的醫院動同樣的手術。這代表醫院已經審核過這名醫師的訓練和執業資格。

★ 詢問醫師他執行妳所需的手術的頻率如何，還有他因此接受過的

訓練和新技術有哪些。

★ 瞭解所有可能的風險以及風險發生的機率,以及恢復的過程將會是如何。

★ 和醫師討論手術後的恢復療程,瞭解妳所付的費用包含了你可能需要額外手術的費用。

拉皮日記:一位女性的整形經歷

當茱蒂卡夫曼45歲左右,她開始考慮做拉皮手術。她不喜歡她的外表,尤其是下巴鬆弛的肌膚,以及眼角及嘴角的皺紋。以下是她的故事。

上圖:30幾歲的茱蒂,正值她自認最美的年紀。
右圖:手術前的茱蒂。

手術前

我有好幾個醫師的名字，而且我和一個曾經做過拉皮的女性談過。我也和3至4位醫師做過諮詢，但是我覺得我必須找到一位感覺對的醫師。我希望我的醫師讓我感到安心，而不是找一位資歷最棒的醫師。現在回想起來，這或許是個錯誤。

我6個月前就預約了，在手術前我把我的期望完全告訴醫師，我不希望結果看起來像是動過手術，而且我特別在意眼睛周圍的深皺紋。醫師要我嘗試眉毛部位的拉皮，但是我拒絕了。我們雙方同意他會用雷射處理我眼角和嘴角的皺紋。

手術時

我的手術是在醫院進行的，而且我住院一個晚上。醫師從我的耳後、耳上、和下巴下側切開，將表皮往後拉，去掉多餘的表皮。當他手術結束，這三處開口都縫合了。醫師向我保證手術時會使用麻醉藥和止痛藥，所以我不太確定當時我是否感覺疼痛。之後的恢復很快也很順利。一週後我就拆線了，而且幾乎沒有淤青。腫脹的部分也很快消退，兩週後我感覺恢復了，而且我看起來也很正常。

結果

大致來說，我對結果並不是很滿意。我的嘴唇周圍仍然有皺紋，我也不喜歡下巴的處理，我覺得不夠平整。所以我回去找醫師告訴他我的不滿。醫師說他必須再把所有切口打開，而且必須在他的診所進行手術，但是我還要付麻醉和其他藥品的費用。後來我想，如果我不滿意他的手術，那我為什麼還要相信他，回去再做一次？所以我決定去找一位好的皮膚科手術醫師，希望可以透過深層雷射，把我嘴唇周圍的皺紋去除。

事實上，我不覺得任何人看得出來我做過手術。我的意思不是正面的！我的意思是我看起來沒有什麼改善。回想起來，某部分是我自己的錯。雖然我做了功課，我認為我選擇一個令我安心的醫師而不

是在此行享有名聲的醫師，是錯誤的。而且結果顯示，這種事情是
沒有保證的，妳也不可能知道手術後會是什麼狀況

拉皮手術後的茱蒂。

懷孕的美

當妳懷孕時，化妝變得很重要，因為這是你所能掌握的少數幾件事之一。妳已經無法掌握妳的身體如何發展、妳的頭腦如何運作、或妳的感覺如何？但是你可以掌握妳的化妝。這是為什麼懷孕是個讓自己嘗試一些新化妝品的好時機。妳也不再需要花很多錢買衣服，所以不妨用化妝、美甲、美足來寵愛自己，任何讓妳心情好的方式都可以。

當妳懷孕，妳的荷爾蒙掌控一切！這不僅會影響妳的情緒，也會影響妳的外表。肌膚可能會比平常更容易泛油或更乾燥，所以妳需要跟著調整平常的習慣。當我懷孕時，我的肌膚變得十分乾燥，所以我用了更多滋潤產品，在泡澡時，洗完澡塗抹全身，塗在臉上和頭髮上。（是的，頭髮在懷孕期也會跟著變化，嬰兒出生後也是。）有些女性會長青春痘，即便她們之前好幾年沒長了。這種種狀況都是正常的（雖然很令人沮喪！）。試著別太在意，因為這些荷爾蒙的改變遲早會消失的。

額外照顧自己的肌膚，並真正寵愛自己。

懷孕期間是個額外照顧自己的肌膚，並真正寵愛自己的好時機。為自己選購最優質的身體乳液，並經常使用。每次洗完澡後，滋潤肌膚，並讓乳液完全吸收。別忘了妳的足部；對於磨損的足部，一點乳液就能製造奇蹟。我喜歡用有香氛的乳液，但是妳會發現妳對味道特別敏感（也和荷爾蒙有關），會讓妳不舒服。甚至妳最喜歡的香水也可能暫時令妳不舒服，所以改換味道比較清爽或嘗試用精油（薰衣草和葡萄柚混合的香味很棒）。當我懷孕時我喜歡用特殊的嬰兒面霜和乳液。對我來說這樣的味道讓我聯想到寶寶，而這也是心理準備儀式的一部分。甚至現在，我還常用嬰兒乳液，讓我回憶起當時

那段特別的時光（而且，嬰兒乳液對肌膚柔軟很有幫助）。以下祕訣是關於懷孕期間，如何適應身體丟給妳的變化球。

妊娠紋。妳可以塗抹所有的椰子油、乳液、或特殊的妊娠紋預防油在妳的腹部和胸部，但是妳還是會有妊娠紋，尤其如果妳的母親或姐姐也有的話。使肌膚滋潤絕對不是壞事，但是並不會預防妊娠紋的產生。如果這是妳的第一個寶寶，妳可能更擔心妊娠紋的問題，但是在寶寶出生之後，這就不重要了。妳的優先順序將會改變，妳會擔心妳的寶寶遠過於擔心妳的妊娠紋！

妊娠線。這會顯現在妳的腹部從恥骨到肚臍的部位，通常在妳懷孕第4至6個月的時候出現。這也是因為荷爾蒙影響妳的肌膚顏色（深色肌膚女性尤其明顯）所造成的。幸運的是，這條線在寶寶出生後就會逐漸消失了。

妳會擔心妳的寶寶遠過於擔心妳的妊娠紋！

乾燥、易碎的指甲。這是很普遍的問題，因為寶寶會搶走妳體內的營養。確定妳攝取足夠的蛋白質和鈣來補充。每天晚上記得擦上滋潤的護甲油，並隨身攜帶手部乳液在妳的皮包裡、辦公室抽屜裡、或廚房的洗碗槽旁邊，整天隨時使用它。

日曬保護。妳的肌膚在懷孕期間特別敏感，所以對陽光要提高警覺。這對於適應膚色改變尤其重要（感謝荷爾蒙），也是所謂的懷孕的面具。膚色轉黑通常發生在臉頰、鼻子、眼睛，而日曬會使轉黑的情況更為明顯。

現在，尤甚於以往，請記得這些簡單的美麗原則

1. 對自己溫柔、和善。
2. 注意自己的肌膚和身體需要什麼。

3. 沒有人是完美的，一切盡力就好。
4. 這個階段總會過去。

在此我想引用我朋友安凱莉的一句話：「懷孕時別太苛求自己，記得妳的身體正在進行一件偉大、重要的工作。」

寶寶出生之後

現在要找出時間照顧自己可是難上加難了。當我看到有小孩的媽媽還能吹好一頭美髮，我總是很驚訝。當我的孩子剛出生時，我發現有時候到了下午4點我還沒有時間洗個澡，更不用說整理我的頭髮或化妝了。妳會希望把所有事情都以最簡單快速的方式完成，所以想想什麼是可以節省時間的。放一瓶護膚油在浴室，所以洗好澡時妳可以跳過乳液，把護膚油快速擦在身上。準備一些髮膠是妳可以很快擦在頭髮上又不需要吹整的(還要感謝馬尾巴！)。至於化妝，準備一個彩妝組合盤和一應俱全的化妝包，放入遮瑕膏、霜狀腮紅、兩款唇膏、護唇膏。這樣妳就可以在不需要尋找化妝品的情況下快速上妝。重點不在於畫濃妝，而是讓妳顯得清新有光采。如果妳只能上遮瑕膏和唇蜜，那就這麼辦吧！妳會顯得更好看，更重要的是，妳會更滿意自己。

快速上妝和雙重功效產品

★ 一應俱全的彩妝組合盤

★ 防曬係數15的潤色隔離乳

★ 具防曬效果的唇膏

★ 粗圓形唇筆，也可兼做腮紅用

★ 滋潤乳膏，用於臉部、雙手、指甲周圍、和其他部位

★ 香氛乳液和精油

呵護寶寶的肌膚

寶寶的肌膚比我們的肌膚要細緻得多，所以避免用任何成人用的產品來清洗或滋潤剛出生的寶寶。尋找最溫和的沐浴乳(專為嬰兒設計的配方最適合)並用它來清潔寶寶的頭髮和身體。確定妳選的是無泡沫配方，妳總希望能在最不費力的情況下把寶寶洗乾淨。而且，想想看有什麼方式可以比較容易幫寶寶洗澡，例如裝在安全塑膠瓶裡的沐浴乳，和妳可以單手擠壓的押取式沐浴乳。確定妳所選用的沐浴乳香味很好聞或者沒有香味；因為妳希望聞到寶寶自然的香味，而非強烈的香水味。洗澡後，用嬰兒油慢慢按摩寶寶的肌膚，不但能使寶寶肌膚柔軟，按摩也是妳和寶寶之間一種親密的互動。

以美麗對抗癌症

當妳和嚴重的疾病對抗，妳最關心的就是如何恢復健康。然而，雖然恢復健康是妳的首要任務，但是看起來氣色很好，也會對妳的自信心、外表、和心理上的健康有很大影響。對於正在做化療的女性，化療對外表的影響、還有對心理的影響，有可能會像疾病本身一樣充滿破壞力。

現在的妳不應該放棄所有的化妝保養習慣，或者過分強調化妝。妳的身體、頭髮、皮膚都歷經一些明顯的改變，所以妳平常的習慣也需要跟著改變。但是記得，這些改變都只是暫時性的，妳的疾病也無法否定妳身為女人的角色。當妳結束化療，妳的頭髮會長回來，妳的眉毛和睫毛也會重新長出，妳的膚色和膚質也會回復到以前的樣子。同時，也有許多美容的祕訣和化妝技巧可以幫助妳回復成原來的自己。我的一位化妝師蘇塞特蘿德渥，曾經與許多女性一同經歷這個艱難的過渡期。以下是她與我們分享她的經驗。

肌膚保養重點

保養臉部肌膚最重要的步驟，是了解妳的肌膚已經有所改變，並針對改變進行保養。化療可能會使妳的肌膚變得十分乾燥，甚至可能變紅、脫皮、或龜裂，而且敏感。解決之道是使用高滋潤、溫和的乳霜，最好含有自然滋潤的成分如甘油，可以撫平並軟化肌膚，但又不刺激肌膚。至於特別乾燥的部位，如眼睛和鼻子周圍，我建議使用高滋潤的眼霜或眼膏。

化妝：小兵立大功

把化妝想像成臉上的一層色彩，而不是一張面具。嘗試塗抹一層又一層粉底，或是塗太多腮紅以及厚重眼影並非答案。一旦妳的臉部徹底滋潤，妳可以從遮瑕膏遮蓋黑眼圈開始。如果妳以往使用的遮

潘蜜拉史卡特，42歲，乳癌痊癒患者。

瑕膏效果不再那麼好，可能是因為顏色不再適合妳的膚色。（請看第16章，關於選擇正確顏色和化妝技巧。）妳的粉底應該是黃色基調，尤其當妳的膚色可能比自然膚色還要蒼白。只要妳的顏色選擇正確，眼睛周圍也經過徹底滋潤，遮瑕膏就能輕易融入妳的肌膚。接著使用粉底。如果妳的膚色不均勻，妳需要全臉都上粉底，但這不是要妳上得像做蛋糕一樣厚。粉底的目的並非增加臉部顏色（那是腮紅的功用），而是調和肌膚，讓膚色均勻。然後妳可以用腮紅或修容餅，不需要太多，就可以使肌膚呈現健康的光澤。（請看第18章了解腮紅的使用祕訣。）妳的嘴唇可能也會十分乾燥，妳可以多塗一點護唇膏，再塗霜狀唇膏或唇蜜，只要是妳喜歡的顏色都可以。

眉毛和睫毛：製造幻覺

掉髮（包括眉毛和睫毛）可能是化療導致的最嚴重副作用之一。甚至本來就很少化妝的女性也會因此而覺得自己好像赤裸裸的，而且需要有點什麼讓她們覺得心安。不論你是否決定要戴假髮，運用正確的化妝重新塑造妳的眉毛和睫毛，可以為妳的外表造成天壤之別。

塑造眉毛。選擇一種搭配妳假髮的眼影顏色（如果妳決定戴假髮）或搭配妳的眼珠顏色。只要小心別選擇太深的顏色，銀灰色、貂棕色、烈茶紅色都比晶炭色或黑色要好。用眉刷沾取眼影粉，然後一點一點壓在眉毛（別用刷的）部位。雖然現在暫時沒有眉毛，妳還是可以順著以前眉型的位置畫眉毛。

創造眼睫毛的幻覺。假睫毛是適合特殊場合的絕佳選擇，雖然每天使用會很花時間。還有一種簡單的技巧可以創造假睫毛，就是用眼線刷（濕潤型或乾燥型都可以）；沾取深棕色、石板棕色、或晶炭色眼影；印在睫毛上。選擇深色眼影可以創造有睫毛的感覺，效果比光是畫眼線還要好。

求助單位

★ **明鏡The Looking Glass**：這是個美容研習會，由芭比波朗和化妝師蘇珊蘿德華樂共同發起。這是個不收費的活動，聚會地

點在紐約市和紐澤西哈肯賽的吉爾達俱樂部Gilda Club（一個以喜劇演員吉爾達為名的癌症支援中心。吉爾達死於卵巢癌）。諮詢電話：(212)647-9700。

★ **身心皆美Look Good...Feel Better**：這是一個全國性的免費活動，專為罹患癌症的女性而設計，協助她們面對與外表改變有關的議題和問題。這個活動由美國癌症協會、藥妝品及香水協會、及國家美容協會贊助。諮詢或查詢鄰近活動地點，請電：(800)395-LOOK或上網站查詢www.lookgoodfeelbetter.org

★ **美麗與癌症Beauty & Cancer**：在這本由泰勒出版社出版的書中，黛安道諾和佩姬美樂蒂說明罹患癌症女性在適應因癌症帶來的外表改變時，所需要的特殊幫助。

★ **癌症和事業Cancer and Careers**。想要了解如何在癌症治療及妳的職場生活中取得平衡（包括針對罹患癌症的上班族女性而設計的化妝祕訣和美容建議），請上網查詢www.cancerandca-reers.org

「我從來不覺得自己不漂亮。」

「在我開始化療之前，我把所有頭髮都剪了。我以為如此一來比較容易適應掉髮的問題，但是當我洗澡時頭髮整束整束的掉，還是讓人很難接受的。那時候我真的哭了。然後我買了一頂假髮。妳會慢慢習慣它，然後繼續戴著。經歷過癌症的一個正面經驗是，妳會欣賞自己所擁有的一切，還有生命及時間都是多麼的珍貴，妳也不再因小事而煩惱。當我的頭髮長回來時，我決定改留短髮。我希望提醒自己，現在的我已經和癌症之前的我不一樣了，這個髮型代表現在的我。我無法再回到過去的我了。

甚至在治療最糟糕的階段，我也從來不覺得自己不漂亮。我只是覺得自己看起來就是生病了，而這是個很重要的區別。」──潘蜜拉史卡特，42歲，乳癌痊癒患者。

後

前

美容讀書會：
愛美的女性分享她們的
美容問題、關切的焦點、和祕密

當你聚集一群女性讓她們談論肌膚保養和化妝，會發生什麼事呢？
很多！當我將我的每月讀書會變成美容問答會，情況就是如此。我
也邀請了我的朋友皮膚科醫師珍妮道尼一起參加，所以我們兩人就
足以回答讀書會中丟給我們的所有問題。

**我用遮瑕膏遮蓋黑眼圈，但是黑色部位仍然會透出來。如果我
用更多遮瑕膏，又會好像一層麵粉一樣，我哪裡做錯了？**

妳選擇的遮瑕膏顏色可能錯了。如果顏色太淺，就無法替妳遮蓋黑
眼圈，而且黑眼圈反而更被凸顯。妳的粉底應該和妳的膚色完全相
融，而遮瑕膏應該比粉底的顏色稍微淡一點。別管那些綠色或藍色
或粉紅色基調的粉底，唯一能夠自然遮蓋的顏色是黃色。一旦妳選
擇的顏色正確，塗抹的方式也應該正確。一開始先用少許眼霜滋潤
肌膚並撫平細紋（太多的話遮瑕膏會不容易附著，太少了之後上的遮
瑕膏又會像塗麵粉）。確定遮瑕膏的用量適中。大部分女性用的量不
夠，所以當然無法徹底遮蓋黑眼圈。使用2倍的量，用妳的手指徹底
拍入妳的肌膚（別用抹的，不然會馬上脫落），確定眼睛內側也有照
顧到。然後用黃色基調的蜜粉定妝。有時候，當妳特別疲倦或生
病，請了解遮瑕膏不見得有幫助，所以用量不需太多，黑眼圈還是
比遮瑕膏使用不當來得好一點。

**我沒有時間每天畫全套的妝，但是我仍然希望只要一、兩個步
驟就能讓我顯得美麗。我該怎麼做？**

採用一、兩個步驟還是勝過什麼都不做。妳的選擇其實就是個人喜好。對我來說，遮瑕膏、透明唇膏、或許再加上腮紅就夠了。對其他人來說，可能還要睫毛膏和唇蜜。先看看妳的臉，了解自己想要遮蓋或加強什麼部位。如果妳最大的問題是黑眼圈，遮瑕膏就是妳必要的步驟。如果妳的眼睛很小，就嘗試眼線筆和睫毛膏。如果妳的肌膚看起來疲倦暗沉，就用修容餅加以修飾。每個人應該都有時間快速使用唇蜜或透明唇膏。選擇一款中性色的唇膏，所以甚至不用看鏡子，妳走路時也可以快速塗上。

我已經50幾歲了，而且我發現臉上有以前所沒有的泛紅狀況。我該如何避免這種泛紅的情況？

荷爾蒙的變化會造成泛紅的狀況。每天記得擦上防曬係數30的防曬乳減緩泛紅的發生，因為日曬會使泛紅狀況更加嚴重。妳也可以設法遮蓋它。任何黃色基調的化妝品都可以淡化泛紅的肌膚，所以確定妳的粉底和蜜粉都有黃色基調。潤色隔離乳的效果在這方面不是很好（只有粉底有幫助），並非助妳偽裝的最好方法。如果妳還是深受其擾，皮膚科醫師可以幫妳開相關處方，幫助妳減緩症狀。最後一種選擇，就是利用雷射手術將擴大的血管去除。

珍妮道尼醫師是我的朋友，也是一位皮膚科醫師。她在我的讀書會分享她的護膚智慧。

過去5年來我一直都蓄瀏海（雖然我覺得並不好看），因為我很在意我額頭的皺紋。我該用什麼方法讓這些皺紋不那麼明顯？

除了整形手術以外，妳可以開始強調眼妝，讓焦點從妳的皺紋轉移。使用黑色睫毛膏和中性色彩的眼線，可以讓注意力集中在妳的優點上，而不是在皺紋上。如果妳想要更大膽的嘗試，第一步妳可以嘗試肉毒桿菌注射，或者，如果皺紋真的很深，嘗試膠原蛋白注射。這兩種方法都可以在皮膚科醫師或整形手術診所進行，而且需時不到1個鐘頭，但是效果都是暫時性的，而且會有令人不樂見的副作用。

我已經47歲了，毛孔還是常常阻塞。花費金錢和時間1個月做1次臉值得嗎？

做臉是很寵愛自己，而且是放鬆的經驗，但是求助於皮膚科醫師會

讓妳的錢花得比較值得。如果妳去皮膚科醫師診所做果酸換膚(可以幫助老死細胞代謝並改善膚質,使臉部更光滑平整),醫師的效果是75%。美容師執照所允許的產品只能達到5%至10%的效果。所以如果妳渴望的是放鬆的按摩,妳可能應該找美容師。如果妳真的想看到明顯的膚質改善,妳應該找皮膚科醫師。

我不再是20歲了,但是我仍然喜歡嘗試不同顏色的眼線。我怎樣才會發現我玩過頭了?

只有妳自己才能知道,不過如果妳自己覺得很好看,那又何妨?但原則是,當妳年紀漸增的時候,顏色大膽的眼線或睫毛膏通常太時髦了,除非妳的風格就是很另類或藝術家造型。如果妳不希望老是用中性色,像是棕色、石板棕色、或晶炭色的話,就改用黑色系。如此一來可以增添一點色彩,但還是在中性色的範圍裡。例如,捨棄寶藍色,嘗試深濃藍色;捨棄紫色,嘗試淡紫色;捨棄綠色,嘗試比較低調的松樹綠色或卡其色。

當我年紀大了,應該避免使用含亮粉或霜狀亮麗的化妝品嗎?

不見得。唇蜜看起來很青春,而霜狀、亮光配方的化妝品可以讓老化的嘴唇更加滋潤。至於含亮粉的化妝品妳應該謹慎使用,因為這會讓妳臉上的細紋更為明顯。關鍵在於,你可以使用少量亮粉在妳的指甲、眼睛、或嘴唇上,但是別過量。如果妳發現霜狀配方會卡在細紋裡,反而讓細紋更明顯的話,就應該避免使用。

我的眼角有點下垂,讓我看起來總是很疲倦或傷心的樣子。我該如何運用眼妝讓眼睛更有神?

妳可以在眼睛下方部位使用遮瑕膏和蜜粉,讓眼睛顯得比較大。然後畫出上下眼瞼,記得將眼影刷到眼角。眼瞼上可以用淺色到中性色眼影(也一樣要畫到眼睛外側角落)有助於塑造眼部輪廓,使眼睛更有神。

我的嘴唇很容易乾裂。我該如何使唇膏持久,但是又不至於使嘴唇變得乾燥?

唇膏會讓乾燥的嘴唇顯得更乾，甚至把注意力帶到嘴唇周圍的細紋。最好的方法就是只用滋潤性的產品在嘴唇上。護唇膏或唇蜜都可以。或者，如果妳希望有點色彩，可以先擦上不油膩的護唇膏，然後用唇筆畫唇線並塗滿嘴唇。這樣可以幫嘴唇上色，但又不會令嘴唇乾燥。

芭比的藏書最愛

★ 獵殺模仿鳥　　　　作者：哈潑李
★ 藝妓日記　　　　　作者：亞瑟高丁
★ 壁爐邊　　　　　　作者：唐卡茲
★ 水的顏色　　　　　作者：詹姆斯馬克白
★ 安琪拉的灰燼　　　作者：法蘭克馬寇
★ 投入你的心：星巴克如何以手工咖啡打下江山，
　　　　　　　　　　作者：霍華舒茲

淡妝還是勝過什麼妝都不畫。

化妝前

化妝後

專為妳心愛的男人準備的
修容指南

大多數男人都覺得，承認自己關心外表是一件沒有男子氣概的事。
但是我們這些和他們生活在一起的人，同時也是看著他們佔據浴室
鏡子、偷用我們昂貴乳液的人，其實更了解他們。男人在意他們外
表的程度就像我們女人一樣。問題是，他們不像我們是讀著雜誌裡
的美容祕訣長大的，所以大部分男人對於整理自己的容貌毫無頭
緒。為了幫助他們，造型專家洛伊波士頓針對男性不好意思問的修
容問題，提供以下解答。

刮鬍子最好的方法是什麼？

在淋浴時刮鬍子是很理想的方式，因為你的毛細孔在蒸氣中張開，
你的肌膚和鬍子這時候也比較柔軟。找一個你可以掛在淋浴間的防
霧鏡子，用滋潤型香皂先洗淨你的臉，然後塗上大量最滋潤，泡沫
最豐富的刮鬍膏。

> 大部分男人對於整理自己的容貌毫無頭緒。

我如何擺脫一字眉的外表？

對稱的眉毛有助於臉型的塑造，而一字眉的問題在於它的形狀顯得
特別強烈。如果你想修整它，你可能需要花點時間練習（不要一下子
修得太多）。有些人是用鑷子在眉毛之間零星拔除一小部分眉毛。
（你可以在洗完澡後進行，這時候拔眉毛比較不痛。）如果你的眉毛
顯得特別厚重，你也可以藉助專家幫你進行蜜臘除毛，或學著自己
做。但是請侷限於眉毛之間的區域。當男人修眉，通常看起來不是
很自然。

我先生史蒂芬洛夫柯

我可以修掉雜亂的眉毛嗎？

是的，請便！用比較不鋒利的小剪刀把過長的眉毛剪掉。雖然不是要你把它剪得特別短或修剪過度，但是也不希望你某些過長的眉毛佔據了前額的所有注意力。

什麼是處理鼻毛和耳朵毛的最好方法？

你同樣可以用比較鈍的剪刀修剪這些毛髮。藥妝店也有專為此設計的工具，像是電動或電池配備的修毛器，可以幫助你達成任務。

我該如何處理胸前、背後、還有肩膀上的毛髮？

首先，你不一定要處理它們。有些男性就是比其他男性毛髮要多，如果你覺得很自在，就不需要擔心。不過你還是要注意這些毛髮的發展。你可不希望你花了上萬元買了一套合身的西裝，然後看到毛髮從你的襯衫領口冒出來。如果你決定要除掉這些毛，蜜蠟是個好方法。有個祕訣是，找一個讓你心安的美容中心，開始和他們建立關係。你不需要到服務女性的美容中心－你會很驚訝地發現原來現在也有很多專為男性服務的美容中心，然後請專業美髮師協助你。你可能又會驚訝地發現，其實美髮師還提供更多其他的服務。你也不需要因為做過一次除毛，就必須固定繼續做。或許你只想要在夏天做，或是一年只做2次，避免情況失去控制。

在什麼理由下我需要「造型師」而不是洗頭師傅？

這完全取決於你要什麼。如果你只是單純需要剪髮，你打從小男孩時就開始的300元剪髮可能就足夠了。你可能只需要做做功課，了解一下最新的洗髮和美髮產品(你的洗頭師傅可能不太跟得上流行)讓剪髮發揮最大效果。但是如果你需要更多關於美髮的原則，例如更有創意的髮型，或嘗試染髮，那你或許就該到專業美髮沙龍去了。

我可以不透過美足護理而去除我腳上的硬角質嗎？

你可能以為男性修腳指甲會留下烙印，現在該是把這些成見拋開的時候了。你會很驚訝地發現美甲護理可以為你的腳和心理帶來非常不同的結果。(修手指甲也是一樣的。)如果你認為這太女性化了，

順時鐘方向從左上：
我的朋友約翰嘉里，
足球明星麥可史特拉漢，
棒球傳奇優奇貝拉，
以及詹姆斯布朗(我爸)。

195

這麼想吧：在床單下用粗糙的腳指頭戳弄你的另一半，可不是件吸引人或「有男子氣概」的事！而且，讓專業人員處理你的腳，專注在過程中，你也可以學到一些技巧用在以後自己處理問題上。其實過程就是將腳指甲修短，偶爾在淋浴中用磨腳石去角質，然後用凡士林塗在腳跟上，軟化角質層。

我可以使用仿曬霜，但是又不讓別人發覺我用了嗎？

好的修容指的就是改善自己的外表，但是不是指透過虛假的方式製造新的外表。有技巧性地運用美容產品無可厚非，而且有能力的女性已經了解這個道理，也運用了很長的時間。男性在這方面一直不是那麼講究，多數男性甚至還不會使用化妝品（或許也不應該）。但是現在有愈來愈多產品是專為男性設計的，像是仿曬霜，為了遮蓋瑕疵或刮鬍子造成的傷疤而使用的潤斑乳膏，還有反油光蜜粉，可以幫助肌膚吸收多餘的油脂。修容唯一的祕訣，其實就是讓自己看起來很自然，而不過度的美化，才得以持久。

我的臉部應該使用哪一種乳液？

首先，找一款有防曬作用的乳液，而且每天都要塗抹，預防皮膚癌和日曬導致的老化傷害。如果你的肌膚不是乾燥型，你可以用無油性配方，防止油脂阻塞你的毛細孔。最好準備一款有防曬作用的護唇膏，放在家裡、放在辦公室抽屜裡、放在你去健身房用的袋子裡，確定你的嘴唇不會乾燥或均裂，尤其冬天的時候。

順時鐘從左上：我的朋友馬瑞麥維茲，
我的精神導師李納蘭德，
我的兒子德克，
還有籃球明星也是我的朋友傑森凱德。

一切都是遺傳

母親、女兒、姑嬸、姊妹、祖母……，任何家族的女性都擁有特殊
的關聯性，以及特殊的美麗。有些家人像到令人覺得恐怖。如果妳
家就是如此，表示當妳看著妳媽媽或祖母的臉時，等於看著妳自己
未來的臉。當然，也有的家人彼此之間並不相像，但是仍然緊密相
連，並展現獨特的美。家庭最棒之處就是無條件的愛和對彼此無止
境的支持。所以媽媽們，請讓妳的女兒們時時對自己感到滿意。妳
可以和女兒們分享妳的知識，但是讓她們做自己，以她們自己的方
式展現自己的美。

**媽媽們，
請讓妳的女兒們時時對自己感到滿意。**

茱莉亞和她的母親辛蒂。

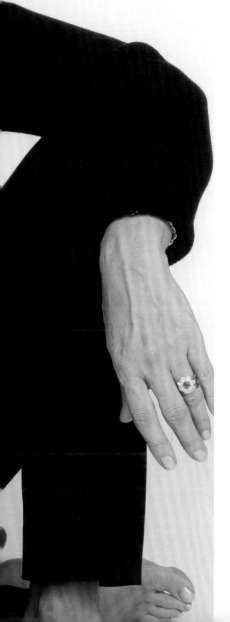

「當我看著我孩子的臉龐時，是我最美的時候。」──蘿蘭布拉克

蘿蘭布拉克和她的女兒瑪歌(左)和史黛拉。

妮娜和她的女兒妮可及安琪莉卡。

安娜和她的女兒蘿拉。

可琳和她的女兒愛瑞卡。

派翠夏和她的女兒賈思婷。

順時鐘右上依序為：瑪莉和她的4個女兒：辛蒂，狄妮斯，卡洛李，珍。

露西亞和她的女兒寶歐拉。

順時鐘從上：
我和我的妹妹琳達艾瑞特；
我和我母親珊卓肯恩；
琳達和我母親。

上：潘和她的姪女茱莉及史黛西。

左：芭芭拉和她的女兒塔拉及妮可，還有她的母親席維亞。

右：美麗的兄妹演唱團體酷兒。

荷莉和她的母親茱蒂。

瑪莉安和她的女兒瑪莉克蕾兒。

如絲和她的母親茹絲。

艾達莉和她的母親瑪莎。

珊卓和她的女兒安琪。

美麗是終其一生的進化

我知道注意自己的缺陷是很自然的事，但是我認為將焦點轉移到自己身上的優點，也是做得到的。（妳只要想想，當妳每天早上在鏡中看到的是自己的優點，妳將會快樂得多。）如果我希望大家能從這本書中得到一個清楚的訊息，那就是，欣賞現在的自己！別去想妳曾經擁有的美麗，或未來妳可能會變得更美。舉例來說，當我高中時，我痛恨我的手臂。現在我看照片中20年來的自己，我覺得我的手臂還好啊。為什麼當年我老是避免穿無袖的衣服？或許20幾年後當我再回頭看看現在的自己，又會有同樣的想法。但是為什麼我們要花這麼多的時間和精力煩惱過去、擔憂未來呢？妳的生活、妳的外表，那些好與壞的經驗都在不斷往前進。這一切都是好的，如果妳保持正確的態度。這也是為什麼我找了這麼多現實生活中的各年齡女性，來擔任這本書的模特兒。我的目的就是要向大家展示，每個階段的女性都能擁有不可思議的美麗。我希望這些女性能夠對妳有所啟發，就像對我一樣。

當然，任何人都能變得更美。而且我希望妳已經從我這幾年來的經驗中學到不少祕訣。但是，畢竟，美麗與化妝並非全世界最重要的事情。深呼吸、放輕鬆、然後微笑。我保證此刻的妳已經變得更加美麗了！

如果我希望大家能從這本書中得到一個清楚的訊息，
那就是，欣賞現在的自己！

Photograph credits

Bobbi Brown's personal collection: v, ix, 2(all), 3(all),4,5(left and right), 197(bottom right), 205(all).Mark Babushkin:5(middle). **Rick Burda:**73,74(top), 84,86(all), 87(all),88,89, 90, 92, 96, 100, 102, 103(left), 110, 121, 170. **Rose Cali's personal collection:** 53(top). **Walter Chin:** 6, 7, 10, 14, 18, 19, 22, 24(bottom left, top left, and bottom right), 26, 28(all), 29, 30, 31, 32, 34, 35(top left, top right, and bottom left), 48(both), 49(all), 50, 58, 60(both), 61, 62, 64, 65,66, 70,74(bottom), 75, 76, 79, 81, 99, 101(top), 104, 107, 109, 112(right), 116, 117(both), 118, 119, 120, 123(both), 126, 128, 132(bottom), 133, 134(bottom left), 136, 137(both), 138, 140(both), 141(middle and bottom), 143, 144(all), 145, 148(top left and right), 151(bottom left and right), 153, 154, 155, 156(bottom), 157(top), 159, 160(all), 165, 176, 192, 194(top right and bottom left), 197(top left), 198, 200-201, 202(top right), 203, 204, 209(bottom left), 210(all). **Bernice Feldman and Selma Rosen's personal collection:** 11, 12, 13(all). **Todd France:**207. **G. K. & Vikki Hart/PhotoDisc/Getty Images:**166. Judy Kaufman's personal collection: 173(both). **Joe Pugliese:** 63. **Trudy Schlecter:** 197(top left). **Ernesto Urdaneta:** x, 17(bottom left), 23, 98(both), 101(bottom), 103(right), 105, 106(all), 108, 112(left), 113(all), 114, 115, 122(bottom), 134(top right), 146(both), 147, 148(bottom right and left), 151(top left and right), 156(top). **Lise Varrette:** xii, 16(all), 17(top left, top right, and bottom right), 20, 24(middle right), 25, 35(bottom right), 41(top right), 46, 47(top right and bottom left), 52, 53(bottom), 54(both), 55(all), 56(all), 57, 124, 125, 127, 130, 131, 135, 141(top), 149(all), 150(all), 175, 179, 181, 182, 184(all), 186(both), 188(both), 189(all), 190, 191(both), 194(top left and bottom right), 202(top left, bottom left, and bottom right), 206(both), 208, 209(top left, top right, and bottom right). **Carol Waksal:** 197(bottom left). **Troy Word:** 8(both), 9(both), 122(top and middle), 129(all), 132(top), 134(bottom right), 152, 157(middle and bottom), 158.